Georg CANTOR : Oeuvres traduites en français

Introduction

L'oeuvre de Georg Cantor (1845-1918) a profondément marqué l'évolution de la science mathématique; ses travaux sur la théorie des ensembles et sur la topologie générale ont donné une impulsion décisive au développement de ces deux branches de mathématiques.

Les traductions qui suivent, et dont nous allons donner quelques précisions, se partagent en deux groupes : celles qui ont été publiées dans la revue de G.Mittag-Leffler les Acta Mathematica, et qui comprennent les 8 premiers mémoires, et la traduction du grand mémoire de Cantor Sur les fondements de la théorie des ensembles transfinis parue dans les Mémoires de la Société des Sciences physiques et naturelles de Bordeaux.

C'est Mittag-Leffler qui avait pris l'initiative de suggérer à Cantor de l'autoriser à faire traduire en français pour sa revue les mémoires publiés en allemand, car, écrivait-il à Cantor le 10 janvier 1883, il "existe actuellement, dans le monde mathématique" en France, "un mouvement très intense et animé". On y trouve des hommes exceptionnellement doués, comme Poincaré, Picard et Appell, qui ont "beaucoup de penchant pour les recherches mathématiques les plus subtiles". Tous ces mathématiciens, ainsi que Charles Hermite, "seront intéressés au plus haut point par vos découvertes précisément parce qu'ils ont maintenant besoin de telles recherches et parce qu'ils se sont heurtés, dans leurs beaux travaux de la théorie des fonctions, à des difficultés qui ne pourront être surmontées que par vos travaux".

Quant à la traduction du mémoire Sur les fondements de la théorie des ensembles transfinis, c'est Cantor lui-même qui a proposé sa traduction. En effet, P.Tannery écrivait à G.Brunel, professeur de mathématiques à la Faculté des Sciences de Bordeaux, le 1er décembre 1895, que Cantor, "avec lequel je suis en relations intermittentes, m'a exprimé le désir de faire traduire et imprimer en français un récent article qu'il vient de faire paraître".

1. Sur les séries trigonométriques (Acta Math., 2(1883), 329-335) = Ueber trigonometrische Reihen, Gesammelte Abhandlungen, herausgegeben von E.Zermelo, Hildesheim(Olms), 1962, p.87-91.

   Cet article, paru en 1871, a été traduit par l'abbé Dargeut et revu par H.Poincaré.

   Incité par E.Heine à s'occuper des séries trigonométriques, Cantor s'inspire dans ses recherches du mémoire de Riemann Sur la possibilité de représenter une fonction par une série trigonométrique, paru en 1868.

2. Extension d'un théorème de la théorie des séries trigonométriques (Acta Math., 2(1883), 336-348) = Ueber die Ausdehnung eines Satzes aus der Theorie der trigonometrischen Reihen, Gesam.Abhand., p.92-101.

   Paru en 1872, cet article a été traduit par l'abbé Dargeut et revu par P.Appell.

C'est dans ce mémoire que Cantor expose, pour la première fois, sa théorie des nombres irrationnels. Il y introduit, p.344, la notion d'ensemble dérivé d'ordre n, qui, d'après Zermelo, est à l'origine de la théorie cantorienne des ensembles dont le lieu de naissance se trouve dans sa théorie des séries trigonométriques.

3. Sur une propriété du système de tous les nombres algébriques réels (Acta Math., 2(1883), 305-310) = Ueber eine Eigenschaft des Inbegriffes aller reellen algebraischen Zahlen, Gesam.Abhand., p.115-118.

Ce mémoire, publié en 1874, a été traduit par P.Appell et son contenu a été longuement discuté entre Cantor et Dedekind dans leur Correspondance. C'est ici que Cantor démontre pour la première fois qu'il n'existe pas de bijection entre l'ensemble des nombres entiers positifs et l'ensemble des nombres réels. Notons que Cantor écrivait le 27 décembre 1873 à Dedekind que Weierstrass lui avait conseillé de supprimer dans son article "la remarque sur la différence de nature des ensembles".

4. Une contribution à la théorie des ensembles (Acta Math., 2(1883), 311-328) = Ein Beitrag zur Mannigfaltigkeitslehre, Gesam.Abhand., p.119-133.

Ce mémoire, publié en 1878, fut traduit par l'abbé Dargeut, et Hermite écrivait à son propos le 5 mars 1883 à Mittag-Leffler :

"Cette traduction a été revue avec tout le soin possible par M.Poincaré, nous nous en sommes longtemps entretenus, et vous verrez de quelle manière nous avons pensé devoir traduire les expressions embarrassantes."

Le problème résolu ici par Cantor sur l'existence d'une bijection entre $\underline{R}$ et $\underline{R}^2$ fut posé pour la première fois par Cantor dans sa lettre à Dedekind du 5 janvier 1874, auquel il envoya finalement la démonstration qui figure ici le 25 juin 1877.

C'est dans ce mémoire, p.327, que Cantor expose pour la première fois l'hypothèse du continu : existe-t-il un sous-ensemble de $\underline{R}$ dont la puissence soit strictement supérieure à celle de $\underline{N}$ et strictement inférieure à celle de $\underline{R}$?

5. Sur les ensembles infinis et linéaires de points (Acta Math., 2(1883), 349-380) = Ueber unendliche lineare Punktmannigfaltigkeiten, Gesam.Abhand., p.139-164.

Ce mémoire paraît entre 1879 et 1883, et il a été traduit par l'abbé Dargeut et revu par P.Appell. Hermite écrit à son sujet le 13 avril 1883 à Mittag-Leffler :

"Il nous est impossible de voir, parmi les résultats qui sont susceptibles de compréhension, un seul ayant un intérêt actuel."

Cantor développe dans ce mémoire, pour la première fois, de façon systématique sa théorie des ensembles.

6. Fondements d'une théorie générale des ensembles (Acta Math., 2(1883), 381-408) = Grundlagen einer allgemeinen Mannigfaltigkeitslehre, Gesam.Abhand., p.165-208.

Ce mémoire fait suite au précédent, et il fut publié sous forme de livre en 1883.

Mittag-Leffler écrivait à son propos à Hermite le 8 mars 1883 :

"Je prierai Cantor de rédiger ce mémoire d'une autre manière avec exclusion de toute philosophie et en se bornant à l'exposition de la question mathématique."

De son côté, H.Poincaré signalait à Mittag-Leffler dans sa lettre du 16 mars que "pour rendre accessible" cette traduction il faudrait "donner quelques exemples précis à la suite de chaque définition", et c'est seulement ainsi qu'on permettrait au lecteur "de comprendre ce beau travail".

Ce mémoire fut traduit par l'abbé Dargeut, mais pas dans sa totalité (les paragraphes 4 à 9 furent supprimés, ainsi que les notes 1 à 9 de Cantor) et l'ordre des paragraphes fut changé. Cette traduction a été revue par E.Picard.

Le théorème fondamental de la théorie des ensembles qui figure à l'alinéa 3 de la p.392 a été seulement démontré en 1897 par F.Bernstein, démonstration qui fut publiée pour la première fois par E.Borel dans ses Leçons sur la théorie des fonctions.

7. Sur divers théorèmes de la théorie des ensembles de points situés dans un espace continu à N dimensions (Acta Math., 2(1883), 409-414).
8. De la puissance des ensembles parfaits de points (Acta Math., 4(1884), 381-391).

Les mémoires 7 et 8 ont été publiés par Cantor en français et il figurent en français dans ses oeuvres complètes.

9. Sur les fondements de la théorie des ensembles transfinis (Mém.Soc.Sci.phy.nat. Bordeaux, (5), 3(1899), 343-437) = Beiträge zur Begründung der transfiniten Mengenlehre, Gesam.Abhand., p.282-351.

Ce mémoire fut publié entre 1895 et 1897 et traduit en français par F.Marotte, professeur de mathématiques au lycée Charlemagne de Paris.

Dans le paragraphe 5, Cantor développe sa théorie des nombres cardinaux finis qui, comme le souligne Zermelo, est "peu satisfaisante", ainsi que d'ailleurs sa notion - donnée dans le paragraphe 6 - du plus petit nombre cardinal transfini, base de sa théorie.

C'est à partir de 1884 que les mathématiciens français commencent à utiliser les théories cantoriennes. D'abord Poincaré, dans son Mémoire sur les groupes kleinéens, puis P.Painlevé, en 1887, dans ses études sur les singularités des fonctions analytiques. C. Jordan les emploie, en 1892, dans son article sur les intégrales définies, et E.Borel les applique dans les théories de la mesure et des fonctions. Mais ce sera R.Baire qui utilisera, à partir de 1897, toutes les notions introduites et développées par Cantor : puissance des ensembles, énumération transfinie des ensembles bien ordonnés, ensembles fermés, ensembles parfaits et ensembles denses. Ce fut lui, comme l'écrivait en 1900 A.Schoenflies, qui "révèla ce qu'on peut atteindre" avec les théories cantoriennes.

Pierre Dugac

SUR LES SÉRIES TRIGONOMÉTRIQUES.

PAR

G. CANTOR

à HALLE a. S.

(Traduction d'un mémoire publ. d. l. Annales math. de Leipsic t. IV pag. 139).

Dans le 72ième tome du Journ. de M. BORCHARDT je démontre un théorème ayant pour objet le décroissement des coefficients de séries trigonométriques sous certaines conditions. Dans ce qui suit je voudrais en développer la démonstration d'une manière, qui ne laisse rien à désirer par rapport à la clarté et la simplicité. C'est du dernier des théorèmes proposés ici, qu'il est question, les autres me serviront comme préparatoires.

I. *Soit:*

$$x_1, x_2, \ldots, x_\nu, \ldots$$

une série infinie de quantités positives, soumises aux conditions:

$$x_2 \geqq kx_1, \; x_3 \geqq k^2x_2, \; \ldots, \; x_\nu \geqq k^{\nu-1}x_{\nu-1}, \; \ldots$$

où k est une donnée positive plus grande que 1, il y a toujours des nombres réels Ω, qui ont un tel rapport avec la série donnée, que le produit $x_\nu\Omega$ diffère d'un nombre impair $2y_\nu + 1$ d'une quantité θ_ν, qui devient infiniment petite lorsque ν croît infiniment; et même la quantité Ω peut être prise dans un intervalle $(\alpha \ldots \beta)$ proposé d'avance à volonté.

Démonstration. Je désigne la grandeur de l'intervalle proposé $(\alpha \ldots \beta)$ par i et je suppose α et β positives toutes les deux, et on peut ramener les autres cas à celui-là. Qu'on divise l'intervalle en trois parties égales; les points de division étant γ et δ, on a:

$$\alpha\gamma = \gamma\delta = \delta\beta = \frac{i}{3}.$$

Soit x_n la première des quantités infiniment croissantes x_ν, qui est plus grande que les deux quantités données $\frac{3}{(k-1)i}$ et $\frac{6}{i}$.

Prenons d'abord le nombre impair $2y_n + 1$ tel, que la fraction $\frac{2y_n+1}{x_n}$ tombe dans l'intervalle $\gamma\delta$; ce qui se peut, puisque $x_n > \frac{6}{i}$.

Puis déterminons les nombres impairs $2y_{n+1} + 1$, $2y_{n+2} + 1$, ... tels que:

$$\text{(A)}\qquad \begin{aligned} &\left[2y_{n+1} + 1 - (2y_n + 1)\frac{x_{n+1}}{x_n}\right] \leqq 1 \\ &\left[2y_{n+2} + 1 - (2y_{n+1} + 1)\frac{x_{n+2}}{x_{n+1}}\right] \leqq 1 \\ &\quad \cdots\cdots\cdots\cdots \\ &\left[2y_\nu + 1 - (2y_{\nu-1} + 1)\frac{x_\nu}{x_{\nu-1}}\right] \leqq 1 \end{aligned}$$

A ces conditions je joins, pour faire disparaître toute ambiguité, la règle, qu'on prenne le plus petit toutes les fois qu'il y a deux nombres $2y_\nu+1$, qui s'accommodent à la condition (A); on a alors une série complètement déterminée de nombres impairs $2y_\nu + 1$, pour $\nu \geqq n$; quant aux nombres $2y_\nu + 1$ pour $\nu < n$, nous·pouvons les prendre à volonté.

Les nombres x_ν et y_ν déterminent maintenant une série infinie:

$$\text{(B)}\qquad \frac{2y_1+1}{x_1},\ \frac{2y_2+1}{x_2},\ \ldots.\ \frac{2y_\nu+1}{x_\nu},\ \ldots.$$

dont le terme général s'approche infiniment d'une limite, que je nomme Ω.

En effet d'après les conditions (A) on a:

$$\left[\frac{2y_{\nu+\mu}+1}{x_{\nu+\mu}} - \frac{2y_\nu+1}{x_\nu}\right] \leqq \frac{1}{x_\nu} + \frac{1}{x_{\nu+1}} + \ldots.$$

et puisque la somme à droite devient infiniment petite en faisant croître ν, la même chose a lieu par rapport à la différence $\frac{2y_{\nu+\mu}+1}{x_{\nu+\mu}} - \frac{2y_\nu+1}{x_\nu}$

dans laquelle le nombre μ peut être pris à volonté. Mais on sait que cette condition étant remplie, la limite $\lim\limits_{\nu=\infty} \frac{2y_\nu + 1}{x_\nu}$ existe toujours. C'est cette limite que nous nommons Ω.

Des conditions (A) pour $\nu \geqq n$ on tire pour Ω la relation:

$$\left[\Omega - \frac{2y_\nu + 1}{x_\nu}\right] \leqq \frac{1}{x_{\nu+1}} + \frac{1}{x_{\nu+2}} + \dots$$

où:

$$[\Omega x_\nu - (2y_\nu + 1)] \leqq \frac{x_\nu}{x_{\nu+1}} + \frac{x_\nu}{x_{\nu+1}} \cdot \frac{x_{\nu+1}}{x_{\nu+2}} + \dots$$

Mais on a:

$$\frac{x_\nu}{x_{\nu+1}} \leqq \frac{1}{k^\nu}, \quad \frac{x_{\nu+1}}{x_{\nu+2}} \leqq \frac{1}{k^{\nu+1}}, \quad \dots$$

On a donc aussi:

$$[\Omega x_\nu - (2y_\nu + 1)] \leqq \frac{1}{k^\nu} + \frac{1}{k^{2\nu+1}} + \frac{1}{k^{3\nu+3}} + \dots$$

et à plus forte raison:

$$\text{(C)} \qquad [\Omega x_\nu - (2y_\nu + 1)] < \frac{1}{k^\nu - 1};$$

k étant > 1 on voit par là que la différence:

$$\theta_\nu = x_\nu \Omega - (2y_\nu + 1)$$

a pour limite zéro pour $\nu = \infty$. Donc la première partie de notre théorème est démontrée.

Il reste à faire voir, que le nombre trouvé Ω se trouve dans l'intervalle donné $(\alpha \dots \beta)$; cela résulte aussi de (C), en y faisant $\nu = n$; on a alors:

$$\left[\Omega - \frac{2y_n + 1}{x_n}\right] < \frac{1}{x_n(k^n - 1)}$$

et à plus forte raison

$$\left|\Omega - \frac{2y_n + 1}{x_n}\right| < \frac{1}{x_n^2(k - 1)}.$$

Mais nous avions pris x_n tel que $\frac{1}{x_n(k-1)} < \frac{i}{3}$; on a donc aussi:

$$\left| \Omega - \frac{2y_n+1}{x_n} \right| < \frac{i}{3}$$

La fraction $\frac{2y_n+1}{x_n}$ étant située dans l'intervalle $\gamma\delta$, la dernière relation montre que Ω est situé dans l'intervalle $(\alpha \ldots . \beta)$.

II. *Une série de nombres réels:*

$$c_1, c_2, \ldots . c_\nu, \ldots .$$

étant telle, que de chaque série y contenue:

$$c_{n_1}, c_{n_2}, \ldots . c_{n_\nu}, \ldots .$$

l'on peut toujours enlever une troisième:

$$c_{n_{m_1}}, c_{n_{m_2}}, \ldots . c_{n_{m_\nu}}, \ldots . ,$$

dont le terme général $c_{n_{m_\nu}}$ *devient infiniment petit pour* $\nu = \infty$, *on a toujours:*

$$\lim_{\nu=\infty} c_\nu = 0$$

Démonstration. En considérant une quantité positive ε quelconque, je dis que le nombre des termes c_ν, qui sont plus grands que ε, par rapport à leur valeur absolue, doit être *fini*; car s'il était infini il y aurait une série infinie c_{n_ν}, contenue dans la première c_ν, dont tous les termes seraient plus grands que ε; on ne pourrait donc pas en enlever une troisième $c_{n_{m_\nu}}$, dont les termes deviennent infiniment petits pour $\nu = \infty$, ce qui est contre l'hypothèse.

Il est donc clair que le nombre des termes c_ν, qui sont plus grands qu'une quantité ε, si petite qu'elle soit, est *fini*; mais de là on conclut évidemment que $\lim_{\nu=\infty} c_\nu = 0$.

III. *Lorsque pour chaque valeur de x entre zéro et* $\frac{i}{2}$ *(i etant une quantité donnée positive) on a:*

$$\lim_{\nu=\infty} c_\nu \sin \nu x = 0,$$

on a toujours aussi:

$$\lim_{\nu=\infty} c_\nu = 0.$$

Démonstration. Soit c_{n_ν} une série quelconque contenue dans la série c_ν; je ferai voir, qu'il y en a toujours une troisième $c_{n_{m_\nu}}$, contenue dans c_{n_ν} et telle, que l'on a:

$$\lim_{\nu=\infty} c_{n_{m_\nu}} = 0$$

Pour cela j'enlève de la série c_{n_ν} donnée l'autre $c_{n_{m_\nu}}$ à condition, que, le nombre k étant donné et > 1, on ait pour chaque valeur de ν:

$$n_{m_\nu} \geqq k^{\nu-1} n_{m_{\nu-1}}.$$

Il est clair, que cela se peut de diverses manières; prenons-en une déterminée. La série d'indices n_{m_ν} étant prise de sorte qu'on détermine d'après I une quantité Ω, située dans l'intervalle $\left(0 \ldots . \frac{i}{\pi}\right)$, et telle, que l'on ait:

$$\Omega n_{m_\nu} - (2y_\nu + 1) = \theta_\nu$$

où y_ν est entier et θ_ν devient infiniment petite pour $\nu = \infty$.

Alors la quantité $\Omega' = \Omega \frac{\pi}{2}$ est située dans l'intervalle $\left(0 \ldots . \frac{i}{2}\right)$ et l'on a:

$$\Omega' n_{m_\nu} - \frac{\pi}{2}(2y_\nu + 1) = \frac{\pi}{2}\theta_\nu.$$

D'après l'hypothèse, faite dans notre théorème, en l'appuyant sur le nombre $x = \Omega'$, on a:

$$\lim_{\nu=\infty} c_\nu \sin(\nu\Omega') = 0$$

De là on peut conclure, qu'aussi:

$$\lim_{\nu=\infty} c_{n_{m_\nu}} . \sin(n_{m_\nu}\Omega') = 0.$$

Mais on a: $\sin(n_{m_\nu}\Omega') = \pm \cos\frac{\pi}{2}\theta_\nu$, d'où l'on voit que:

$$\lim_{\nu=\infty} c_{n_{m_\nu}} . \cos\left(\frac{\pi}{2}\theta_\nu\right) = 0.$$

θ_ν étant une quantité qui disparait pour $\nu = \infty$, on conclut que:

$$\lim_{\nu=\infty} c_{n_{m_\nu}} = 0.$$

Il y a donc dans chaque série c_{n_ν}, contenue dans la première c_ν, une troisième série $c_{n_{m_\nu}}$, contenue dans la seconde, telle que ses termes deviennent infiniment petits pour $\nu = \infty$. D'après le théorème II, on a donc de même:

$$\lim_{\nu=\infty} c_\nu = 0.$$

IV. *Lorsque pour chaque valeur de x comprise dans un intervalle donné $(\alpha \ldots . \beta)$, la condition:*

$$\lim_{\nu=\infty} (a_\nu \sin \nu x + b_\nu \cos \nu x) = 0$$

est remplie, on a toujours:

$$\lim_{\nu=\infty} a_\nu = 0, \qquad \lim_{\nu=\infty} b_\nu = 0.$$

Démonstration. Soit

$$\gamma = \frac{\alpha + \beta}{2} \text{ et } [\beta - \alpha] = i$$

Posons:

$$a_\nu \cos \nu\gamma - b_\nu \sin \nu\gamma = c_\nu$$

$$a_\nu \sin \nu\gamma + b_\nu \cos \nu\gamma = d_\nu$$

On a:

$$a_\nu = c_\nu \cos \nu\gamma + d_\nu \sin \nu\gamma$$

$$b_\nu = - c_\nu \sin \nu\gamma + d_\nu \cos \nu\gamma;$$

d_ν devient infiniment petit pour $\nu = \infty$, par hypothèse, puisque d_ν est ce que devient l'expression $a_\nu \sin \nu x + b_\nu \cos \nu x$ pour $x = \gamma$, et que γ est une valeur située entre α et β.

De même c_ν devient aussi infiniment petit pour $\nu = \infty$; car on a, par hypothèse, pour chaque valeur de x positive et $< \frac{i}{2}$:

$$\lim_{\nu=\infty} (a_\nu \sin \nu(\gamma + x) + b_\nu \cos \nu(\gamma + x)) = 0$$

$$\lim_{\nu=\infty} (a_\nu \sin \nu(\gamma - x) + b_\nu \cos \nu(\gamma - x)) = 0.$$

Par soustraction on en conclut:

$$\lim_{\nu=\infty} c_\nu \sin \nu x = 0$$

pour chaque valeur positive de $x < \frac{i}{2}$.

De là on voit d'après le théorème III, que l'on a:

$$\lim_{\nu=\infty} c_\nu = 0.$$

Maintenant c_ν et d_ν devenant toutes les deux infiniment petites, il en résulte la même propriété pour a_ν et b_ν.

Berlin, 21 Avril 1871.

EXTENSION D'UN THÉORÈME DE LA THÉORIE DES SÉRIES TRIGONOMÉTRIQUES.

PAR

G. CANTOR

À HALLE a. S.,

(Traduction d'un mém. publ. d. l. Annales math. de Leipsic t. V. p. 123.)

Je voudrais faire connaître dans ce travail une extension du théorème d'après lequel une fonction ne peut être développée que d'une seule manière en série trigonométrique.

J'ai cherché à démontrer dans le Journal de Crelle t. 72, p. 139, que deux séries trigonométriques:

$$\frac{1}{2} b_0 + \sum (a_n \sin nx + b_n \cos nx)$$

et

$$\frac{1}{2} b'_0 + \sum (a'_n \sin nx + b'_n \cos nx)$$

qui, pour toutes les valeurs de x, convergent et ont la même somme, ont les mêmes coefficients; j'ai ensuite montré, dans une notice relative à ce travail, que ce théorème reste vrai, si, pour un nombre fini de valeurs de x, on renonce soit à la convergence, soit à l'égalité des sommes des deux séries.

L'extension que j'ai en vue ici consiste en ce que pour un nombre infini de valeurs de x dans l'intervalle $[0 \ldots\ldots (2\pi)]$ on peut renoncer à la convergence ou à l'accord des sommes de séries, sans que le théorème cesse d'être vrai.

Mais dans ce but je suis obligé de commencer par des explications, ou plutôt par quelques simples indications destinées à mettre en lumière les diverses manières dont peuvent se comporter des grandeurs numériques en nombre fini ou infini; je suis amené par là à donner quelques définitions, afin de rendre aussi courte que possible l'exposition du théorème en question, dont la démonstration se trouve au § 3.

§ 1.

Les nombres rationnels servent de fondement pour arriver à la notion plus étendue d'une grandeur numérique; je les désignerai sous le nom de système A, en y comprenant zéro.

On rencontre une première généralisation de la notion de grandeur numérique dans le cas où l'on a, obtenue par une loi, une série infinie de nombres rationnels:

$$(1) \qquad a_1, \; a_2, \; \ldots\ldots \; a_n, \; \ldots\ldots,$$

constituée de telle sorte que la différence $a_{n+m} - a_n$ devient infiniment petite à mesure que n croît, quel que soit le nombre entier positif m, ou, en d'autres termes, qu'avec ε (positif rationnel) pris arbitrairement on a un nombre entier n_1 tel que $(a_{n+m} - a_n) < \varepsilon$, si $n \geqq n_1$, et si m est un nombre entier positif pris à volonté.

J'exprime ainsi cette propriété de la série (1): »La série (1) a une limite déterminée b».

Ces mots ne servent donc qu'à énoncer cette propriété de la série, sans exprimer d'abord autre chose, et de même que nous lions la série (1) avec un signe particulier b, de même on doit aussi attacher différents signes b, b', b'' à diverses séries de même espèce.

Soit une seconde série:

$$(1') \qquad a'_1, \; a'_2, \; \ldots\ldots \; a'_n, \; \ldots\ldots$$

ayant une limite déterminée b', on trouve que les deux séries (1) et (1') ont constamment une des trois relations suivantes, qui s'excluent l'une l'autre: Ou bien: 1° $a_n - a'_n$ devient infiniment petit à mesure que n croît, ou bien: 2° $a_n - a'_n$, à partir d'un certain n, reste toujours plus grand qu'une grandeur positive (rationnelle) ε, ou enfin 3° $a_n - a'_n$, à partir d'un certain n reste toujours plus petit qu'une grandeur négative (rationnelle) $-\varepsilon$.

Dans le cas de la première relation, je pose: $b = b'$, dans le cas de la seconde: $b > b'$, et, dans le cas de la troisième: $b < b'$.

On trouve de même qu'une série (1), ayant une limite b, n'a avec un nombre rationnel a qu'une des trois relations suivantes. Ou bien: 1° $a_n - a$ devient infiniment petit à mesure que n augmente, ou bien: 2° $a_n - a$, à partir d'un certain n, reste toujours plus grand qu'une grandeur positive (rationnelle) ε, ou enfin 3° $a_n - a$, à partir d'un certain n, reste toujours plus petit qu'une grandeur négative (rationnelle) $-\varepsilon$.

Pour exprimer l'existence de ces rapports, nous écrivons resp.:

$$b = a, \quad b > a, \quad b < a.$$

De ces définitions et de celles qui suivent immédiatement, il résulte (et on peut démontrer rigoureusement cette conséquence) que, b étant la limite de la série (1), $b - a_n$ devient infiniment petit à mesure que n croît, ce qui justifie par conséquent d'une manière précise la désignation de »limite de la série (1)» donnée à b.

Qu'on désigne par B l'ensemble des grandeurs numériques b.

D'après les conventions précédentes, on peut étendre les opérations élémentaires entreprises avec des nombres rationnels aux deux systèmes A et B réunis.

Soient en effet b, b', b'' trois grandeurs numériques du système B, les formules:

$$b \pm b' = b'', \quad bb' = b'', \quad \frac{b}{b'} = b''$$

servent à exprimer qu'entre les séries correspondantes aux trois nombres b, b', b'':

$$a_1, a_2, \ldots\ldots$$
$$a'_1, a'_2, \ldots\ldots$$
$$a''_1, a''_2, \ldots\ldots$$

se vérifient resp. les relations:

$$\lim (a_n \pm a'_n - a''_n) = 0,$$

$$\lim (a_n a'_n - a''_n) = 0,$$

$$\lim \left(\frac{a_n}{a'_n} - a''_n\right) = 0,$$

où je n'ai plus besoin, d'après ce qui précède, d'expliquer plus longuement le sens du signe-lim. On a des définitions semblables pour les cas où un ou deux des trois nombres appartiennent au système A.

En général toute équation obtenue par un nombre fini d'opérations élémentaires

$$F(b, b', \ldots\ldots b^{(\rho)}) = 0$$

se présentera comme expression d'une relation déterminée entre les séries qui donnent naissance aux grandeurs numériques b, b', b'', ... $b^{(\rho)}$. (1)

Le système A a donné naissance au système B; de même les deux systèmes B et A réunis, donneront naissance, par le même procédé, à un nouveau système C.

Soit en effet une série infinie:

(2) $$b_1, b_2, \ldots\ldots b_n, \ldots\ldots$$

de nombres choisis dans les systèmes A et B et n'appartenant pas tous au système A, et cette série étant constituée de telle sorte que $b_{n+m} - b_n$ devient infiniment petit à mesure que n croît, quel que soit d'ailleurs m (et cette condition, d'après les définitions précédentes, peut se concevoir comme quelque chose de parfaitement déterminé) je dirai que cette série a une limite déterminée c.

Les grandeurs numériques c constituent le système C.

Les définitions de l'équivalence, de l'inégalité en plus ou en moins, et celles des opérations élémentaires soit entre les grandeurs c, soit entre

---

(1) Quand on dit, par exemple, qu'une équation de $\mu^{\text{ème}}$ degré à coefficients entiers: $f(x) = 0$, a une racine réelle ω, cela signifie qu'on a une série: a_1, a_2, ... a_n, ... de la même nature que la série (1) ayant pour limite le signe ω, et jouissant en outre de la propriété:

$$\lim f(a_n) = 0.$$

ces grandeurs elles-mêmes et celles des systèmes B et A, sont analogues aux définitions données plus haut.

Tandis que les systèmes B et A sont tels qu'on peut égaler chacun des a à un b, mais non pas chacun des b à un a, on peut au contraire égaler non seulement chacun des b à un c, mais aussi chacun des c à un b.

Bien que par là les systèmes B et C puissent dans une certaine mesure être regardés comme identiques il est essentiel, dans la théorie que j'expose ici (et d'après laquelle la grandeur numérique, n'ayant d'abord en elle-même, en général, aucun objet, ne paraît que comme élément de théorèmes qui ont une certaine objectivité, de ce théorème, p. ex., que la grandeur numérique sert de limite à la série correspondante) il est essentiel, dis-je, de maintenir la distinction abstraite entre les deux systèmes B et C; aussi bien l'équivalence de deux grandeurs numériques b, b' empruntées au système B n'entraîne pas leur identité, mais exprime seulement une relation déterminée entre les séries auxquelles elles se rapportent.

Le système C et ceux qui le précèdent produisent d'une manière analogue un système D, ceux-ci à leur tour, un autre système E, et ainsi de suite; par λ de ces opérations (en considérant l'opération par laquelle on a passé de A à B comme la première) on arrive à un système L de grandeurs numériques.

Si on se rappelle la suite des définitions données pour l'équivalence et l'inégalité en plus ou en moins de ces différentes grandeurs numériques et pour les opérations élémentaires qui permettent de passer d'un système à l'autre, le même rapport aura lieu avec ceux qui précèdent, à l'exception de A, en sorte qu'on pourra toujours égaler une grandeur numérique l à une grandeur numérique k, i, ... c, b, et réciproquement.

On peut ramener à la forme d'égalités de ce genre les résultats de l'analyse (abstraction faite de quelques cas connus) bien que (je ne l'indique ici qu'en égard à ces exceptions) la notion de nombre, si développée qu'elle soit ici, porte en soi le principe d'une extension nécessaire en elle-même et absolument infinie.

Il semble légitime, étant donnée une grandeur numérique, dans le système L, de se servir de cette expression: C'est une grandeur numérique, une valeur, ou une limite, de $\lambda^{\text{ème}}$ espèce; d'où l'on voit que j'emploie en général les mots grandeur numérique, valeur et limite dans le même sens.

Une équation $F(l, l', \ldots\ldots l^{(p)}) = 0$ formée de nombres $l, l', \ldots\ldots l^{(p)}$ au moyen d'un nombre fini d'opérations élémentaires apparait précisément, dans la théorie en question, comme l'expression d'un rapport déterminé entre $p + 1$ séries λ fois infinies de nombres rationnels; ces séries sont produites par les séries simplement infinies qui définissent tout d'abord les grandeurs $l, l', \ldots\ldots l^{(p)}$; on les obtient en remplaçant, dans les premières, les éléments par les séries qui les définissent, en traitant de même les séries ainsi obtenues, qui en général seront doublement infinies, et en continuant ce procédé jusqu'à ce qu'on n'ait plus devant soi que des nombres rationnels.

Dans une autre circonstance je reviendrai avec plus de détail sur tous ces rapports. Ce n'est pas non plus ici le lieu d'expliquer comment les conventions et les opérations dont j'ai parlé dans ce § peuvent servir à l'analyse infinitésimale. Dans ce qui suit, en exposant le rapport des grandeurs numériques avec la géométrie de la ligne droite, je me bornerai presque exclusivement aux théorèmes nécessaires, d'où l'on peut, si je ne me trompe, déduire le reste au moyen d'une démonstration purement logique. J'indique pour le comparer aux § 1 et § 2, le 10e livre des Eléments d'Euclide; qui peut servir de point de comparaison en cette matière.

§ 2.

Les points d'une ligne droite sont déterminés quand, en prenant pour base une unité de mesure, on indique leurs distances, abscisses, d'un point fixe 0 de la ligne droite par le signe + ou —, suivant que le point en question se trouve dans la partie (fixée d'avance) positive ou négative de la ligne à partir de 0.

Si cette distance a avec l'unité de mesure un rapport rationnel, elle est exprimée par une grandeur numérique du système A; dans l'autre cas, si le point est connu par une construction, on peut toujours imaginer une série:

$$(1) \qquad a_1, a_2, a_3, \ldots\ldots a_n, \ldots\ldots$$

réalisant les conditions énoncées dans le § 1, et ayant avec la distance en question une relation telle que les points de la droite, auxquels se rapportent les distances $a_1, a_2, \ldots\ldots a_n, \ldots\ldots$, se rapprochent à l'infini du point à déterminer, à mesure que n augmente.

Ce que nous exprimons, en disant: La distance du point à déterminer au point 0 est égale à b, quand b est la grandeur numérique correspondant à la série (1).

On démontre ensuite que les conditions d'équivalence et d'inégalité en plus ou en moins de distances connues concorde avec les conditions d'équivalence et d'inégalité en plus ou en moins (définies dans le § 1), des grandeurs numériques correspondantes, qui représentent ces distances.

Il suit maintenant sans difficulté que les grandeurs numériques des systèmes C, D ..... sont aussi capables de déterminer des distances connues. Mais pour achever de faire reporter le lien que nous observons entre les systèmes des grandeurs numériques définies dans le § 1 et la géométrie de la ligne droite, il faut ajouter encore un axiôme dont voici le simple énoncé: A chaque grandeur numérique appartient aussi, réciproquement, un point déterminé de la droite, dont la coordonnée est égale à cette grandeur numérique dans le sens exposé dans ce §.(1)

J'appelle ce théorème un axiôme, par ce qu'il est dans sa nature de ne pouvoir être démontré d'une façon générale.

Ce théorème sert aussi à donner supplémentairement aux grandeurs numériques une certaine objectivité, dont elles sont, toutefois, complètement indépendantes.

D'après ce qui précède, je considère un point de la droite comme déterminé, quand sa distance de 0, précédée du signe convenable, est donnée comme grandeur numérique, valeur ou limite de $\lambda^{\text{ème}}$ espèce.

---

(1) A chaque grandeur numérique appartient un point déterminé, mais à chaque point se rapportent, comme coordonnées, dans le sens ci-dessus, une quantité innombrable de grandeurs numériques égales; car, comme on l'a déjà fait entendre plus haut, il suit, de fondements purement logiques, que des points distincts ne peuvent pas répondre à des grandeurs numériques égales, et qu'un seul et même point ne peut se rapporter à des grandeurs numériques inégales, comme coordonnées.

Entrons maintenant plus pleinement dans notre sujet et considérons les relations qui se présentent, étant données des grandeurs numériques en nombre fini ou infini.

D'après ce qui précède on peut considérer les différentes grandeurs numériques comme correspondant une à une avec les différents points d'une ligne droite. Pour plus de clarté, et sans que cela soit essentiel, nous nous servirons, dans la suite, de ce mode de représentation, et, quand nous parlerons de points, nous aurons toujours en vue les valeurs par lesquelles on les obtient.

Pour plus de brièveté, j'appelle système de valeurs un nombre donné, fini ou infini, de grandeurs numériques, et système de points un nombre donné, fini ou infini, de points d'une droite. Ce qui sera dit dans la suite des systèmes de points, peut s'appliquer immédiatement, d'après ce qui a été dit, aux systèmes de valeurs.

Etant donné, dans un intervalle fini, un système de points, il y a lieu, en général, d'envisager un second système de points déduit du premier d'une certaine manière, puis un troisième déduit du deuxième de la même façon, etc.; il est nécessaire de les étudier tous si l'on veut concevoir la nature du premier.

Pour définir ces nouveaux systèmes de points, définissons d'abord la notion du: point-limite d'un système de points.

Par point-limite d'un système de points P, j'entends un point de la droite tel que dans son voisinage, il y ait un nombre infini de points du système P; il peut d'ailleurs se faire que le point-limite appartienne à ce système. Et j'appelle voisinage d'un point tout intervalle dans lequel ce point est contenu. D'après cela il est facile de démontrer qu'un système composé d'un nombre infini de points a toujours pour le moins un point-limite. Nous appelons point *isolé* de P tout point qui, appartenant à P, n'est pas en même temps point-limite de P.

C'est dès lors la condition déterminée de tout point de la droite par rapport à un système donné P, d'être ou de ne pas être un point-limite de ce système et on a, aussi défini en même temps que le système P, le système de ses points-limites, que je désigne par P' et que j'appelle le premier système dérivé de P.

Si le système P' n'est pas composé d'un nombre fini de points, on peut en déduire par le même procédé un autre système P'', que j'appelle le second système dérivé de P. Par ν opérations analogues on arrive à la notion du $\nu^{\text{ème}}$ système $P^{(\nu)}$ dérivé de P.

Si par exemple le système P est composé de tous les points de la droite dont les abscisses sont rationnelles et comprises entre 0 et 1 (qu'on y comprenne, ou non, les limites), le système dérivé P' se composera de tous les points de l'intervalle (0 ..... 1), y compris les limites 0 et 1. Les systèmes suivantes P'', P''', ... ne diffèrent pas de P'. Ou bien, si la quantité P est composée des points dont les abscisses sont respect. $1, \frac{1}{2}, \frac{1}{3}, \ldots\ldots \frac{1}{n}, \ldots\ldots$, le système P' se composera du seul point 0 et ne donnera naissance lui-même, par déduction, à aucun autre.

Il peut arriver, et c'est le cas qui nous intéresse seul ici, qu'après ν opérations le système $P^{(\nu)}$ se compose d'un nombre fini de points et par conséquent ne donne lui-même naissance, par déduction, à aucun autre système; dans ce cas nous appellerons le système primitif P de la $\nu^{\text{ème}}$ espèce; et il suit de là que P', P'', ... sont alors de la $\overline{\nu - 1}^{\text{ème}}$, de la $\overline{\nu - 2}^{\text{ème}}$ ..... espèce.

Dans cette théorie, l'ensemble de tous les systèmes d'espèce déterminée est donc considéré comme un genre particulier dans l'ensemble de tous les systèmes de points imaginables, et les systèmes de points que nous avons appelés de $\nu^{\text{ème}}$ espèce forment une espèce particulière dans ce genre.

Un seul point offre déjà un exemple d'un système de points de $\nu^{\text{ème}}$ espèce, si on donne son abscisse comme grandeur numérique de $\nu^{\text{ème}}$ espèce, satisfaisant à certaines conditions faciles à établir. Si en effet on décompose alors cette grandeur numérique pour obtenir les termes (de $\overline{\nu - 1}^{\text{ème}}$ espèce) de la série qui lui correspond, si on décompose ces membres eux-mêmes pour arriver aux termes (de $\overline{\nu - 2}^{\text{ème}}$ espèce) qui les constituent, et ainsi de suite, on finit par obtenir un nombre infini de nombres rationnels; et, si on se représente le système de points correspondant à ces nombres, elle sera de $\nu^{\text{ème}}$ espèce. (1)

(1) Je le relève expressément, que ce n'est pas toujours le cas. En général le système de points ainsi engendrée par une grandeur numérique de $\nu^{\text{ème}}$ espèce peut être d'une espèce inférieure ou supérieure à la $\nu^{\text{ème}}$ espèce ou même n'être d'aucune espèce déterminée.

§ 3.

Théorème. Si une équation ayant la forme:

$$(1) \qquad 0 = C_0 + C_1 + \ldots\ldots + C_n + \ldots\ldots$$

où $C_0 = \frac{1}{2}d_0$; $C_n = c_n \sin nx + d_n \cos nx$, est satisfaite pour toutes les valeurs de x, à l'exception de celles qui correspondent aux points d'un système de points P de $\nu^{\text{ème}}$ espèce donnée dans l'intervalle $[0 \ldots\ldots (2\pi)]$, où ν désigne un nombre entier aussi grand que l'on veut, je dis qu'on aura:

$$d_0 = 0, \quad c_n = d_n = 0.$$

Démonstration. Dans cette démonstration, comme la suite le fera voir, en parlant de P on a en vue non-seulement le système donnée de $\nu^{\text{ème}}$ espèce des points exceptionnels dans l'intervalle $[0 \ldots\ldots (2\pi)]$, mais encore le système produit sur la ligne entière infinie par la répétition périodique.

Considérons maintenant la fonction:

$$F(x) = C_0\frac{xx}{2} - C_1 - \frac{C_2}{4} - \ldots\ldots - \frac{C_n}{nn} - \ldots\ldots$$

Il résulte de la nature d'un système P de $\nu^{\text{ème}}$ espèce qu'il doit y avoir un intervalle $(\alpha \ldots\ldots \beta)$, où ne se trouve aucun point de ce système; pour toutes les valeurs de x comprises dans cet intervalle on aura donc, à cause de la convergence de notre série (1) que nous avons supposée:

$$\lim\,(c_n \sin nx + d_n \cos nx) = 0,$$

par conséquent, d'après un théorème connu (v. 4e vol. de Annales math. p. 139):

$$\lim c_n = 0, \quad \lim d_n = 0.$$

La fonction F jouit donc des propriétés suivantes (v. Riemann, Sur le moyen de représenter une fonction par une série trigonométrique, § 8):

1° Elle reste continue pour toutes ces valeurs de x.

2° $\lim \dfrac{F(x+\alpha) + F(x-\alpha) - 2F(x)}{\alpha\alpha} = 0$, si $\lim \alpha = 0$, pour toutes les valeurs de x, excepté celles qui correspondent aux points du système P.

3° On a: $\lim \frac{F(x+\alpha)+F(x-\alpha)-2F(x)}{\alpha} = 0$, si $\lim \alpha = 0$, pour toutes les valeurs de x sans exception.

Je vais montrer maintenant que $F(x) = cx + c'$. Pour cela je considère d'abord un intervalle quelconque $(p \ldots\ldots q)$ où il n'y a qu'un nombre fini de points du système P; soient $x_0, x_1, \ldots\ldots x_n$ ces points écrits d'après leur ordre de succession.

Je dis que $F(x)$ est linéaire dans l'intervalle $(p \ldots\ldots q)$; car $F(x)$, à cause des propriétés 1° et 2°, est fonction linéaire dans chacun des intervalles obtenus en divisant $(p \ldots\ldots q)$ par les points $x_0, x_1, \ldots\ldots x_n$; comme en effet il n'y a de points exceptionnels dans aucun de ces intervalles, les conclusions appliquées dans le mémoire (v. Journal de Borchardt, t. 72, p. 159) ont ici toute leur force; il ne reste donc à démontrer que l'identité de ces fonctions linéaires.

Je vais le faire pour deux fonctions voisines et je les choisis dans les deux intervalles $(x_0 \ldots\ldots x_1)$ et $(x_1 \ldots\ldots x_2)$.

Soit dans $(x_0 \ldots\ldots x_1)$ $\quad F(x) = kx + l$
et dans $(x_1 \ldots\ldots x_2)$ $\quad F(x) = k'x + l'$.

A cause de 1° on a $F(x_1) = kx_1 + l$; puis, pour des valeurs assez petites de α:

$$F(x_1 + \alpha) = k'(x_1 + \alpha) + l';$$

$$F(x_1 - \alpha) = k(x_1 - \alpha) + l.$$

On a ainsi, à cause de 3°:

$$\lim \frac{(k'-k)x_1 + l' - l + \alpha(k'-k)}{\alpha} = 0,$$

pour $\lim \alpha = 0$, ce qui n'est possible que si:

$$k = k', \quad l = l'.$$

En résumé nous pouvons énoncer le résultat suivant:

A) »Soit $(p \ldots\ldots q)$ un intervalle quelconque, où il n'y a qu'un nombre fini de points du système P, $F(x)$ sera linéaire dans cet intervalle.«

Je considère ensuite un intervalle quelconque $(p' \ldots\ldots q')$ qui ne contient qu'un nombre fini de points $x'_0, x'_1, \ldots\ldots x'_n$ du premier système dérivé P'; — et je dis d'abord que dans chacun des intervalles partiels obtenus en divisant $(p \,\ldots\ldots\, q)$ par les points x'_0, x'_1, ..., p. ex. dans $(x'_0 \,\ldots\ldots\, x'_1)$, la fonction $F(x)$ est linéaire

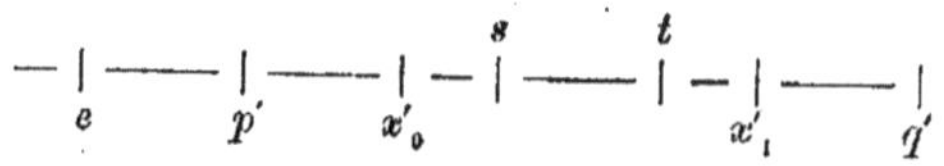

s t

e p' x'_0 x'_1 q'

Car chacun de ces intervalles partiels contient il est vrai en général un nombre infini de points de P, en sorte que le résultat A) ne peut s'y appliquer immédiatement; mais chaque intervalle $(s \,\ldots\ldots\, t)$ compris dans les limites de $(x'_0 \,\ldots\ldots\, x'_1)$ ne renferme qu'un nombre fini de points de P (parce qu'autrement il y aurait encore entre x'_0 et x'_1 d'autres points du système P') et par suite la fonction est linéaire dans $(s \,\ldots\ldots\, t)$ à cause de A). Mais comme on peut rapprocher à volonté les points extrêmes s et t des points x'_0 et x'_1, on conclut, sans façon que la fonction continue $F(x)$ est aussi linéaire dans $(x'_0 \,\ldots\ldots\, x'_1)$.

Après l'avoir démontré pour chacun des intervalles partiels de $(p' \,\ldots\ldots\, q')$, on obtient le résultat suivant par les mêmes raisonnements que ceux qui ont conduit au résultat A):

A') Soit $(p' \,\ldots\ldots\, q')$ un intervalle quelconque ne renfermant qu'un nombre fini de points du système P', $F(x)$ est linéaire dans cet intervalle.

La démonstration se poursuit de la même façon. Car, étant une fois établi que $F(x)$ est fonction linéaire dans un intervalle quelconque $(p^{(k)} \,\ldots\ldots\, q^{(k)})$, qui ne contient qu'un nombre fini de points du $k^{\text{ème}}$ système $P^{(k)}$ dérivé de P, il résulte, comme dans le passage de A) à A'), que $F(x)$ est aussi fonction linéaire dans un intervalle quelconque $(p^{(k+1)} \,\ldots\ldots\, q^{(k+1)})$ qui ne renferme qu'un nombre fini de points du $(k+1)^{\text{ème}}$ système $P^{(k+1)}$.

Nous concluons ainsi, par un nombre fini de déductions successives, que $F(x)$ est linéaire dans tout intervalle qui ne contient qu'un nombre fini de points du système $P^{(\nu)}$. Mais le système P étant de $\nu^{\text{ème}}$ espèce, comme on l'a supposé, un intervalle $(a \,\ldots\ldots\, b)$ pris à volonté dans la droite ne renfermera qu'un nombre fini de points de $P^{(\nu)}$. $F(x)$ est donc linéaire dans tout intervalle $(a \,\ldots\ldots\, b)$ pris à volonté, et il suit de là, comme il est facile de le voir, que $F(x)$ prend la forme: $F(x) = cx + c'$ pour toutes les valeurs de x. Ce point étant mis en évidence, la démonstration se poursuit comme dans le travail déjà cité deux fois, à partir du moment où la forme linéaire est établie.

On peut aussi énoncer le théorème que nous avons démontré ici de la manière suivante:

»Une fonction discontinue $f(x)$, distincte de zéro ou indéterminée pour toutes les valeurs de x correspondant aux points d'un système de points P de $\nu^{\text{ème}}$ espèce donné dans l'intervalle $[0 \ldots\ldots (2\pi)]$, mais égale à 0 pour toutes les autres valeurs de x, ne peut pas être représentée par une série trigonométrique.»

Halle, le 8 nov. 1871.

SUR UNE PROPRIÉTÉ DU SYSTÈME DE TOUS LES NOMBRES ALGÉBRIQUES RÉELS.[1]

PAR

G. CANTOR

à HALLE a. S.

(Traduction d'un mémoire publié d. l. journ. d. Borchardt, t. 77, pag. 258.)

On nomme, en général, *nombre algébrique* réel un nombre réel ω qui est racine d'une équation non identique de la forme

$$(1) \qquad a_0\omega^n + a_1\omega^{n-1} + \ldots + a_n = 0,$$

où n, a_0, a_1, ... a_n sont des nombres entiers; nous pouvons supposer que les nombres n et a_0 sont positifs, que les coefficients a_0, a_1, ... a_n n'ont pas de diviseur commun et que l'équation (1) est irréductible; ces suppositions étant faites, il résulte des théorèmes fondamentaux de l'arithmétique et de l'algèbre que l'équation (1) admettant pour racine un nombre algébrique réel déterminé est une équation entièrement déterminée; inversement à une équation de la forme (1) correspondent au plus autantde nombres algébriques réels racines de cette équation, qu'il y a d'unités dans le degré n.

Les nombres algébriques réels constituent par leur ensemble un système de nombres que nous désignerons par (ω); ainsi qu'il résulte de considérations élémentaires, ce système (ω) de nombres est de telle nature qu'il existe une infinité de nombres de (ω) dont la différence avec un nom-

[1] M. GEORG CANTOR ayant eu la bonté de nous promettre une série d'articles nouveaux concernant ses recherches sur la théorie des ensembles, nous pensons rendre service à nos lecteurs en reproduisant d'abord ici en traduction française les principaux mémoires de M. CANTOR qui se rapportent à ce sujet; ils nous paraissent en effet indispensables à l'intelligence des nouveaux qui vont suivre et que l'auteur publiera de même en français. La traduction a été revue et corrigée par l'auteur. *Le rédacteur.*

bre quelconque α est moindre qu'une quantité donnée si petite qu'elle soit. Cette remarque rend d'autant plus frappante, au premier abord, la propriété suivante: *l'on peut faire correspondre un à un les nombres du système* (ω), aux nombres ν appartenant à la série des entiers positifs, suite qui sera désignée par (ν), de telle façon qu'à chaque nombre algébrique réel ω réponde un nombre entier positif déterminé ν, et qu'inversement à chaque nombre entier positif ν réponde un nombre réel algébrique ω complètement déterminé; en d'autres termes l'on peut imaginer les nombres du système (ω) rangés suivant une certaine loi en une suite infinie

(2) $$\omega_1, \omega_2, \ldots . \omega_\nu, \ldots .$$

dans laquelle figurent tous les nombres de la catégorie (ω), chacun d'eux se trouvant dans la suite (2) à une place déterminée indiquée par l'indice correspondant. Une fois que l'on a trouvé une loi permettant de ranger ainsi les nombres de (ω), on en déduira d'autres de celle-là par des modifications que l'on pourra choisir à volonté; il nous suffira donc d'indiquer, comme nous le faisons dans le § 1, le mode de classement qui nous paraît reposer sur le plus petit nombre de considérations.

Pour donner une application de cette propriété du système de tous les nombres algébriques réels, j'ajoute au § 1 le § 2 dans lequel je montre que, lorsque l'on considère comme donnée sous la forme (2) une suite quelconque de nombres réels, l'on peut déterminer, dans chaque intervalle ($\alpha \ldots . \beta$) donné d'avance, des nombres η non contenus dans cette suite (2). En combinant les propositions contenues dans les §§ 1 et 2, l'on obtient ainsi une démonstration nouvelle du théorème suivant démontré pour la première fois par LIOUVILLE (Journ. de Math. réd. p. Liouville I[e] série, t. XVI, 1851): dans chaque intervalle ($\alpha \ldots . \beta$) donné d'avance il y a une infinité de nombres transcendants c'est à dire de nombres qui ne sont pas algébriques réels. De plus le théorème du § 2 donne la raison pour laquelle on ne peut pas faire correspondre un à un aux nombres entiers de la série (ν) les nombres réels formant un système continu de nombres, c'est à dire par exemple, tous les nombres réels qui sont $\geqq 0$ et $\leqq 1$. Je suis ainsi arrivé à trouver d'une façon nette la différence essentielle qu'il y a entre un système continu de nombres et un système de nombres de l'espèce de celui qui est formé par l'ensemble de tous les nombres algébriques réels.

§ 1.

Revenons à l'équation (1) à laquelle satisfait un nombre algébrique réel ω et qui, d'après les suppositions faites plus haut, est une équation entièrement déterminée; appelons *hauteur* du nombre ω la somme des valeurs absolues des coefficients augmentée du nombre $n - 1$, n étant le degré de l'équation; en désignant cette hauteur par N et appliquant une notation connue pour désigner les valeurs absolues des nombres, on a, par suite,

$$(3) \qquad N = n - 1 + [a_0] + [a_1] + \ldots\ldots + [a_n].$$

Cette hauteur N est, par conséquent, pour chaque nombre algébrique réel, un nombre entier positif déterminée; inversement, à un nombre entier positif donné N ne correspondent qu'un nombre limité de nombres algébriques réels ayant pour hauteur N; soit $\varphi(N)$ ce nombre, l'on aura, par exemple, $\varphi(1) = 1$, $\varphi(2) = 2$, $\varphi(3) = 4$. Les nombres du système (ω), c'est à dire tous les nombres algébriques réels peuvent donc être rangés dans l'ordre suivant: on prendra comme premier nombre ω_1, le seul nombre de hauteur $N = 1$; on écrira à la suite par ordre de grandeurs croissantes les deux nombres algébriques réels de hauteur $N = 2$ et on les désignera par ω_2, ω_3; puis, à leur suite et par ordre de grandeurs croissantes, on écrira les quatre nombres de hauteur $N = 3$; d'une manière générale, après que l'on aura ainsi compté et classé les nombres de la catégorie (ω) jusqu'à une hauteur déterminée $N = N_1$, on rangera à leur suite et par ordre de grandeurs croissantes les nombres réels algébriques de hauteur $N = N_1 + 1$. L'on obtient ainsi le système de tous les nombres algébriques réels sous la forme:

$$\omega_1,\ \omega_2,\ \ldots\ldots\ \omega_\nu,\ \ldots\ldots,$$

et l'on peut, en se reportant à cette classification, parler du $\nu^{\text{ième}}$ nombre algébrique réel, sans omettre aucun nombre du système (ω).

§ 2.

Lorsque l'on a une suite infinie de nombres réels différents les uns des autres se succédant suivant une loi déterminée quelconque

$$(4) \qquad u_1, u_2, \ldots, u_\nu, \ldots$$

l'on peut, dans chaque intervalle $(\alpha \ldots \beta)$ donné d'avance, déterminer un nombre η qui ne se trouve pas dans la suite (4); il existe, par conséquent, une infinité de tels nombres. Voici la démonstration de ce théorème.

Partons de l'intervalle donné d'avance $(\alpha \ldots \beta)$ et soit $\alpha < \beta$; désignons par α', β' les deux premiers nombres de la suite (4) divers entre eux, qui sont distincts de α, β et qui se trouvent dans cet intervalle, et soit $\alpha' < \beta'$; désignons de même par α'', β'', les deux premiers nombres de notre suite divers entre eux, qui se trouvent dans l'intervalle $(\alpha' \ldots \beta')$ et soit $\alpha'' < \beta''$; d'après cette même loi, formons un intervalle suivant $(\alpha''' \ldots \beta''')$, et ainsi de suite. D'après cette définition, les nombres α', α'', ... sont des nombres déterminés u_{k_1}, u_{k_2}, ... u_{k_ν} de notre suite (4) dont les indices k_ν croissent constamment, et la même chose a lieu pour les nombres β', β'' ....; de plus les nombres α', α'', ... sont de grandeurs croissantes, les nombres β', β'', ... de grandeurs décroissantes; chacun des intervalles $(\alpha \ldots \beta)$, $(\alpha' \ldots \beta')$, $(\alpha'' \ldots \beta'')$, ... comprend tous ceux qui le suivent. L'on ne peut alors concevoir que deux cas.

Ou bien le nombre des intervalles, que l'on peut former ainsi est fini; soit $(\alpha^{(\nu)} \ldots \beta^{(\nu)})$ le dernier d'entre eux; comme dans cet intervalle se trouve au plus un nombre de la suite (4), l'on peut prendre dans cet intervalle un nombre η qui n'appartient pas à la suite (4), et le théorème est ainsi démontré dans ce cas.

Ou bien le nombre des intervalles ainsi formés est infini; alors, comme les nombres α, α', α'' .... croissent constamment sans croître à l'infini, ils ont une certaine limite α^∞; de même les nombres β, β', β'', ... qui décroissent constamment ont une certaine limite β^∞. Si $\alpha^\infty = \beta^\infty$ (ce qui se présente toujours en appliquant cette méthode au système (ω) des nombres algébriques réels), on s'assure facilement en revenant à la définition des intervalles, que le nombre $\eta = \alpha^{\infty} = \beta^{\infty}$ ne peut pas être compris dans notre suite; car si ce nombre η était compris dans notre suite, l'on aurait $\eta = u_p$, p étant un indice déterminée; mais cela n'est pas possible, car u_p ne se trouve pas dans l'intervalle $(\alpha^{(p)} \ldots \beta^{(p)})$, tandis que le nombre η s'y trouve d'après sa définition. Si, au contraire $\alpha^{\infty} < \beta^{\infty}$, tout nombre η, compris dans l'intervalle $(\alpha^{\infty} \ldots \beta^{\infty})$ ou égal à l'une des limites, remplit la condition voulue de ne pas appartenir à la suite (4).

Les théorèmes, que nous venons de démontrer peuvent être généralisés de différentes façons; nous n'indiquerons ici que la proposition suivante: «soit $v_1, v_2, \ldots, v_\nu, \ldots$ une suite finie ou infinie de nombres linéairement indépendants, c'est à dire de nombres tels qu'il n'existe entre eux aucune équation de la forme

$$a_1 v_1 + a_2 v_2 + \ldots + a_n v_n = 0,$$

les coefficients $a_1, a_2, \ldots a_n$ étant des entiers qui ne sont pas tous nuls à la fois; concevons le système (Ω) de tous les nombres Ω qui peuvent être représentés par des fonctions rationnelles à coefficients entiers des nombres donnés $v_1, v_2, \ldots v_\nu, \ldots$; alors, dans tout intervalle $(\alpha \ldots \beta)$, il y a une infinité de nombres qui ne sont pas contenus dans le système (Ω).»

En effet, l'on voit, à l'aide de considérations analogues à celles qui ont été employées dans le § 1, que les nombres de la catégorie (Ω) peuvent être rangés en une suite de la forme

$$\Omega_1, \Omega_2, \ldots \Omega_\nu, \ldots,$$

d'où résulte le théorème en question d'après la proposition démontrée § 2.

M. B. Miningerade a démontré, par une réduction aux principes de Galois, un cas très-particulier du théorème que nous venons d'indiquer, à savoir le cas dans lequel les nombres $v_1, v_2, \ldots. v_\nu$ sont en nombre fini et dans lequel le degré des fonctions rationnelles, qui servent à former les nombres de la catégorie (Ω) est donné d'avance. (Voir Math. Annalen de Clebsch et Neumann, T. III p. 497.)

Berlin, le 23 Décembre 1873.

UNE CONTRIBUTION A LA THÉORIE DES ENSEMBLES.

MÉMOIRE DE

G. CANTOR

à HALLE a. S.

(Extrait du Journal de Borchardt, vol. 84.)

Si on peut faire correspondre élément par élément deux *ensembles* bien définies M et N par une opération à sens unique (et, quand on peut le faire d'une manière, on peut le faire aussi de beaucoup d'autres), convenons, pour la suite, de nous exprimer en disant que ces *ensembles* ont la même *puissance*, ou encore qu'elles sont *équivalentes*.

Nous appellerons *parties intégrantes* d'un *ensemble* toutes les autres *ensembles* M', dont les éléments sont en même temps éléments de M.

Si deux *ensembles* M et N ne sont pas de même *puissance*, ou bien M aura la même *puissance* qu'une partie intégrante de N, ou bien N la même qu'une partie intégrante de M; dans le premier cas nous appelons la *puissance* de M plus petite, dans le second nous l'appelons plus grande que la *puissance* de N.

Quand les ensembles à considérer sont finis, c. a. d. composés d'un nombre fini d'éléments, la notion de la *puissance*, comme il est facile de le voir, répond alors à celle du *nombre* dans la signification de *dénombrement* et pas conséquent aussi à celle du *nombre entier positif*, puisqu'en effet deux ensembles de cette nature n'ont la même puissance que dans l'hypothèse où le nombre de leurs éléments est le même.

Une *partie intégrante* d'un ensemble *fini* a toujours une puissance plus petite que l'ensemble lui-même; *ce fait n'a plus lieu dans les ensembles infinis, c. à. d. composés d'un nombre infini d'éléments* De cette seule circonstance, qu'un ensemble infini M est une partie intégrante d'une autre N

ou que l'on peut faire correspondre un à un les éléments de M à une partie intégrante de N, par une opération à sens unique, on ne peut aucunement conclure que sa puissance est plus petite que celle de N; cette conclusion n'est justifiée, que si l'on sait que la puissance de M n'est pas égale à celle de N; de même, N étant partie intégrante de M ou tel que ses éléments correspondent un à un à sens unique à une partie intégrante de M, cette circonstance ne suffit pas pour que la puissance de M soit plus grande que celle de N.

Pour rappeler un exemple simple, soit M la série des nombres entiers positifs ν, N la série des nombres entiers positifs pairs 2ν; N est alors une partie intégrante de M et néanmoins M et N sont de même puissance.

La série des nombres entiers positifs ν offre, comme il est facile de le montrer, la *plus petite* de toutes les puissances qui se présentent dans les *ensembles infinis*. Néanmoins la *classe* des ensembles qui ont cette plus petite puissance est *extraordinairement riche* et *étendue*. A cette classe appartiennent, par exemple, tous les ensembles que M. DEDEKIND appelle »corps finis» dans ses belles recherches sur les nombres algébriques (cf. leçons de DIRICHLET sur la théorie des nombres, deux. où troisième édit. Brunswick 1871 et 1879); de même les ensembles que j'ai considérés et que j'ai appelés »systèmes de points de la $\nu^{\text{ème}}$ espèce» (cf. Mathematische Annalen de CLEBSCH et NEUMANN, t. V, p. 129) sont de la *première* (c. a. d. de la plus petite) puissance.

Chaque ensemble se présentant comme série simplement infinie, avec le terme général a_ν, appartient évidemment à cette même *classe*; mais de plus les séries doubles et en général les séries n^{iples} avec le terme général $a_{\nu_1, \nu_2, \ldots \nu_n}$ (où $\nu_1, \nu_2, \ldots \nu_n$ parcourent indépendamment l'un de l'autre tous les nombres entiers positifs) appartiennent aussi à cette classe. J'ai même démontré que l'ensemble (ω) de tous les nombres algébriques réels (et on pourrait ajouter: de tous les nombres algébriques complexes) peut se concevoir sous la forme d'une série avec le terme général ω_ν; c'est à dire que l'ensemble (ω), aussi bien que chacune de ses parties intégrantes infinies, a la *puissance* de la série de nombres entiers 1, 2, 3, ... ν, ... (Conf. Journal de Borchardt, t. 77, pag. 258). A l'égard des *ensembles* de cette *première classe*, on a les théorèmes suivants, faciles à démontrer:

»*M* étant un ensemble de la *première* classe (c. a. d. de la *puissance* de la série des nombres entiers positifs), chaque partie intégrante infinie de *M* a la même puissance.»

»M', M'', M''' .... étant une série finie ou simplement infinie *d'ensembles*, dont chacun a la *première* puissance, l'ensemble *M*, qui resulte de la réunion de M', M'', M''' ...., a aussi la *première puissance.*»

Nous allons maintenant dans ce qui va suivre examiner au point de vue de leur puissance les *ensembles* qu'on appelle continus et n^{iples}. D'après un théorème, que j'ai démontré dans le § 2 du traité cité (Jour. d. Borchardt, t. 77, pag. 260) il est certain, que ces ensembles n'appartiennent pas à la première classe, c. a. d. qu'ils ont une puissance supérieure à la première.

Les recherches de Riemann, de Helmholtz et d'autres après eux sur les hypothèses qui servent de fondement à la géométrie, partent, comme on sait, de la notion d'un *ensemble continu*, d'étendue *n*, et en font consister le *caractère essentiel* en ce que leurs éléments dépendent de *n* variables réelles, continues, indépendantes l'une de l'autre, en sorte qu'à chaque élément de *l'ensemble* appartient un système de valeurs x_1, x_2, ... x_n admissible, et réciproquement à chaque système de valeurs x_1, x_2, ... x_n admissible appartient un certain élément de *l'ensemble.*

Le plus souvent, comme il résulte de la *suite* de ces recherches, on suppose en outre *tacitement* que la correspondance des éléments de *l'ensemble* et du système de valeurs x_1, x_2, ... x_n posée comme base, est *continue*, en sorte qu'à chaque changement infiniment petit du système de valeurs x_1, x_2, ... x_n répond un changement infiniment petit de l'élément correspondant de *l'ensemble* et réciproquement, à chaque changement infiniment petit des éléments de *l'ensemble*, un changement semblable des valeurs de ses *coordonnées.*

Quant à savoir si cette supposition suffit, ou s'il faut la compléter par des conditions encore plus spéciales, pour pouvoir regarder comme *bien fondée* et *incontestable* l'idée que ces auteurs se sont faite de l'ensemble n^{iple} et continu, c'est une question que nous passerons d'abord sous silence[1]; nous avons seulement à montrer ici, que si on laisse cette supposition de côté, (ce qui arrive bien souvent dans les traités de ces auteurs), c. a. d.

---

[1] La réponse à cette question à laquelle nous reviendrons dans une autre circonstance, ne me paraît donner lieu, à aucune difficulté sérieuse.

si par rapport à la correspondance entre *l'ensemble* et ses *coordonnées* on n'admet *aucune limitation*, ce caractère, considéré par les auteurs comme *essentiel* (d'après lequel un ensemble n^{iple} continue est telle qu'on peut en déterminer les éléments par n coordonnées réelles, continues, indépendantes l'une de l'autre) devient *absolument sans valeur.*

Comme notre travail le montrera, on peut même déterminer les éléments d'un *ensemble continu* d'étendue n par une *seule* coordonnée réelle et continue au moyen d'une opération à sens *unique.* Il suit de là, que si on ne fait aucune supposition par rapport à la *nature* de là *correspondance,* le *nombre* des coordonnées réelles continues et indépendantes qui peuvent servir à la détermination à sens unique des éléments d'un *ensemble continu d'étendue* n, peut être *tout nombre donnée* m et que par conséquent *on ne peut* le considérer comme *caractère invariable* d'un ensemble donné.

En me posant la question de savoir si un ensemble continu de n dimensions peut être reliée au moyen d'une opération à sens unique à un ensemble continu d'une *seule* dimension, de telle sorte qu'à chaque élément de l'une d'elles réponde un élément, et un seulement, de l'autre, il s'est trouvé *qu'une telle correspondance existe toujours.*

D'après cela une *surface continue* peut *être rapportée complètement par une opération à sens unique à une ligne continue; la même chose est vraie des corps continus et des ensembles continus géométriques à un nombre quelconque de dimensions.*

En appliquant l'expression introduite plus haut, nous pouvons donc dire que la *puissance* d'un *ensemble continu* d'étendue n et choisi à volonté est *égale* à la *puissance* d'un *ensemble* d'étendue *simple,* comme p. ex. d'un *segment de droite continue et limitée.*

§ 1.

Comme deux *ensembles continus,* d'un nombre *égal* de dimensions, peuvent, au moyen de fonctions analytiques, se rapporter l'une à l'autre complètement et à sens unique, par rapport au but que nous poursuivons (et qui est de montrer qu'on peut joindre d'une façon complète et à sens unique des ensembles continues qui n'ont pas le même nombre de dimensions) tout se ramène, comme on l'entrevoit facilement, à la démonstration du théorème suivant:

(A). »*Soient* $x_1, x_2, \ldots . x_n$ *n grandeurs réelles, variables, indépendantes l'une de l'autre, dont chacune peut prendre toutes les valeurs* $\geqq 0$ *et* $\leqq 1$, *et soit t une autre variable comprise dans les mêmes limites* $(0 \leqq t \leqq 1)$, *on peut faire correspondre cette grandeur t au système des n grandeurs* $x_1, x_2, \ldots . x_n$ *de telle sorte qu'à chaque valeur déterminée de t appartienne un système de valeurs déterminées* $x_1, x_2, \ldots . x_n$ *et vice versa à chaque système de valeurs déterminées* $x_1, x_2, \ldots . x_n$ *une certaine valeur de t.*»

Comme conséquence de ce théorème se présente cet autre que nous avons en vue:

(B). »*On peut faire correspondre d'une façon complète et à sens unique un ensemble continu à n dimensions à un ensemble continu d'une seule dimension; deux ensembles continus l'une de n, l'autre de m dimensions, n étant* $\gtreqless m$, *ont la même puissance; les éléments d'un ensemble continu à n dimensions peuvent être déterminés à sens unique par une seule coordonnée t continue et réelle; mais ils peuvent aussi être déterminés à sens unique par un système de m coordonnées continues* $t_1, t_2, \ldots . t_m$.»

§ 2.

Pour démontrer (A) nous partons de ce théorème connu que tout nombre *irrationnel* $e \gtrless {}^0_1$ peut être représenté d'une manière complètement déterminée, sous la forme d'une fraction continue infinie:

$$e = \cfrac{1}{\alpha_1 + \cfrac{1}{\alpha_2 + \ldots + \cfrac{1}{\alpha_\nu + \ldots}}} = (\alpha_1, \alpha_2, \ldots \alpha_\nu, \ldots)$$

où les α_ν sont des nombres positifs entiers rationnels.

A chaque nombre *irrationnel* $e \gtrless {}^0_1$ appartient une série déterminée infinie de nombres entiers positifs α_ν et réciproquement chaque série semblable détermine un certain nombre *irrationnel* $e \gtrless {}^0_1$.

Soient maintenant $e_1, e_2, \ldots . e_n$ n grandeurs variables indépendantes l'une de l'autre, dont chacune peut prendre toutes les valeurs numériques irrationnelles de l'intervalle $(0 \ldots . 1)$, qu'on pose alors:

$$\begin{array}{l} e_1 = (\alpha_{1,1}, \alpha_{1,2}, \ldots . \alpha_{1,\nu}, \ldots .) \\ \cdots\cdots\cdots\cdots\cdots \\ e_\mu = (\alpha_{\mu,1}, \alpha_{\mu,2}, \ldots . \alpha_{\mu,\nu}, \ldots .) \\ \cdots\cdots\cdots\cdots\cdots \\ e_n = (\alpha_{n,1}, \alpha_{n,2}, \ldots . \alpha_{n,\nu}, \ldots .) \end{array}$$

ces n nombres irrationnels déterminent à sens unique un $\overline{n+1}^{\text{ème}}$ nombre irrationnel $d \gtrless {}^0_1$:

$$d = (\beta_1, \beta_2, \ldots . \beta_\nu, \ldots .),$$

si on établit entre les nombres α et β le rapport suivant:

$$(1) \qquad \beta_{(\nu-1)n+\mu} = \alpha_{\mu,\nu} \qquad \left\{ \begin{array}{l} \mu = 1, 2, \ldots . n \\ \nu = 1, 2, \ldots . \infty \end{array} \right.$$

Mais aussi de l'autre côté si on part d'un nombre irrationnel $d \gtrless {}^0_1$, il détermine la série des β_ν et au moyen de (1) les séries des $\alpha_{\mu,\nu}$; par conséquent d détermine complètement et à sens unique le système des n nombres irrationnels $e_1, e_2, \ldots . e_n$. De cette considération résulte tout d'abord le théorème suivant:

(C). »*Soient* $e_1, e_2, \ldots . e_n$ n *grandeurs variables indépendantes l'une de l'autre, dont chacune peut prendre toutes les valeurs numériques irrationnelles de l'intervalle* $(0 \ldots . 1)$ *et soit* d *une autre variable irrationnelle dans les même limites, on peut faire correspondre d'une manière complète et à sens unique cette grandeur* d *et le système des* n *grandeurs* $e_1, e_2, \ldots . e_n$.»

§ 3.

Après avoir démontré, dans le paragraphe précédent, le théorème (C), nous avons maintenant à démontrer le théorème suivant:

(D). »*Une grandeur variable* e, *qui peut prendre toutes les valeurs numériques irrationnelles de l'intervalle* $(0 \ldots . 1)$, *peut se joindre à sens unique à une variable* x *comportant toutes les valeurs réelles, c. a. d. rationnelles et irrationnels, qui sont* $\geqq 0$ *et* $\leqq 1$, *en sorte qu'à chaque valeur irrationnelle de* $e \gtrless_{1}^{0}$ *corresponde une valeur réelle de* $x \gtreqless_{1}^{0}$ *et une seulement et que réciproquement à chaque valeur réelle de* x *corresponde une certaine valeur irrationnelle de e.»*

Car une fois ce théorème démontré, qu'on se représente (en l'appliquant), comme correspondantes aux $n + 1$ grandeurs variables désignées dans le § 2 par $e_1, e_2, \ldots . e_n$ et d, les autres variables $x_1, x_2, \ldots . x_n$ et t, reliées aux premières par une opération à sens unique, chacune des dernières variables pouvant prendre sans restriction toutes les valeurs réelles $\geqq 0$ et $\leqq 1$. Comme nous avons établi une correspondance complète et à sens unique entre la variable d et le système des n variables $e_1, e_2, \ldots . e_n$ dans § 2, on obtient de cette manière une association complète, déterminée et à sens unique de la variable continue t et du système des n variables continues $x_1, x_2, \ldots . x_n$, ce qui démontrera la vérité du théorème (A).

Nous n'aurons donc plus à nous occuper dans la suite que de la démonstration du théorème (D); qu'on nous permette d'employer, pour plus de brièveté, un formalisme simple que nous allons d'abord faire connaître.

Nous appellerons *ensemble linéaire* de nombres réels tout ensemble bien définie de nombres réels, distincts les uns des autres, c. a. d. inégaux en sorte qu'un seul et même nombre ne se présente pas plus d'une fois comme élément dans un *ensemble linéaire.*

Les variables réelles, qui se présentent dans le cours de ce travail, sont toutes de telle nature que le *champ* de chacune d'elles, c. a. d. l'ensemble des valeurs qu'elle peut prendre est un *ensemble linéaire* donné; nous n'appuierons donc plus dans la suite sur cette supposition que partout nous ferons tacitement.

De deux variables de cette nature a et b nous dirons qu'elles n'ont aucune liaison, si aucune des valeurs que peut prendre a n'est égale à une valeur de b c. a. d. les deux ensembles de valeurs que peuvent prendre les variables a et b, n'ont pas d'éléments communs, si on dit que a et b sont sans liaison. (1)

(1) Deux ensembles M et N ou bien n'ont aucune liaison, si elles n'ont aucun élément qui leur soit commun; ou bien elles sont reliées par un troisième ensemble déterminé P c. a. d. par l'ensemble de leurs éléments communs. Je désigne l'ensemble P par $\mathfrak{D}(M, N)$.

Si on a une série finie ou infinie $a', a'', a''', \ldots a^{(\nu)}, \ldots$ de variables bien définies ou de constantes telles que $a^{(\nu)}$ et $a^{(\mu)}$ n'ont aucune liaison entre eux, on peut définir une variable a par ce caractère que son champ se compose de l'ensemble des champs de $a', a'', \ldots a^{(\nu)}, \ldots$; réciproquement une variable donnée a peut se décomposer d'après les modes les plus divers en d'autres $a', a'', \ldots$ qui n'ont aucune liaison deux à deux; dans ces deux cas nous exprimons le rapport de la variable a aux variables $a', a'', \ldots a^{(\nu)}, \ldots$ par la formule suivante:

$$a \equiv \{a', a'', \ldots, a^{(\nu)}, \ldots\}$$

Cette formule exprime à la fois 1° que toute valeur que pourrait prendre une des variables $a^{(\nu)}$ est aussi une valeur qui convient à la variable a; 2° que toute valeur que peut recevoir a peut être prise aussi par une des grandeurs $a^{(\nu)}$, et par une seulement. Pour expliquer cette formule, soit par exemple φ une variable qui peut prendre toutes les valeurs rationnelles $\geqq 0$ et $\leqq 1$, e une variable qui peut prendre toutes les valeurs irrationnelles de l'intervalle $(0 \ldots 1)$ et enfin x une variable qui peut prendre toutes les valeurs réelles, rationnelles et irrationnelles $\geqq 0$ et $\leqq 1$, on a:

$$x \equiv \{\varphi, e\}$$

Soit a et b deux grandeurs variables de telle nature qu'on puisse les joindre l'une à l'autre d'une façon complète et à sens unique, en d'autres termes si le champ de l'une et de l'autre a la même puissance, nous appellerons a et b équivalentes l'un à l'autre et nous l'exprimerons par une des deux formules $a \sim b$ ou $b \sim a$. D'après cette définition de l'équivalence de deux grandeurs variables il suit immédiatement que $a \sim a$; et que, si $a \sim b$ et $b \sim c$, on a toujours aussi $a \sim c$.

Dans la suite du travail le théorème ci-dessous dont nous pouvons omettre la démonstration à cause de sa simplicité, trouvera son application en divers endroits:

(E). »*Soit $a', a'', \ldots a^{(\nu)}$ une série finie ou infinie de variables ou de constantes qui n'ont aucune liaison deux à deux, $b', b'', \ldots b^{(\nu)}, \ldots$ une autre série de la même nature, si à chaque variable $a^{(\nu)}$ de la première série répond une variable déterminée $b^{(\nu)}$ de la seconde et si ces variables corres-*

pondantes sont constamment équivalentes l'une à l'autre, c. a. d. que $a^{(\nu)} \sim b^{(\nu)}$, *on aura toujours aussi:* $a \sim b$,
si

$$a \equiv \{a', \ a'', \ \ldots \ a^{(\nu)}, \ \ldots\}$$

et

$$b \equiv \{b', \ b'', \ \ldots \ b^{(\nu)}, \ \ldots\}$$»

§ 4.

Au point où nous en sommes arrivés de notre travail, il n'y a plus qu'à démontrer le théorème (D) dans § 3. Pour cela prenons comme point de départ qu'on peut écrire tous les nombres rationnels qui sont $\geqq 0$ et $\leqq 1$, sous la forme d'une série simplement infinie:

$$\varphi_1, \ \varphi_2, \ \varphi_3, \ \ldots \ \varphi_\nu, \ \ldots$$

avec un terme général φ_ν.

On peut le prouver de la façon la plus simple, comme il suit: $\frac{p}{q}$ étant la forme irréductible pour un nombre rationnel $\geqq 0$ et $\leqq 1$, où par conséquent p et q sont des nombres entiers non négatifs avec le plus grand commun diviseur 1, qu'on pose $p + q = N$. Dès lors à chaque nombre $\frac{p}{q}$ appartient une valeur déterminée, entière et positive de N, et réciproquement à cette valeur de N appartient toujours un *nombre fini* de quantités $\frac{p}{q}$. Si on imagine maintenant les nombres $\frac{p}{q}$ rangés dans ordre tel que ceux qui appartiennent à des valeurs plus petites de N précèdent ceux pour lesquels N a une valeur plus grande, et que de plus les nombres $\frac{p}{q}$, pour lesquels N a la même valeur se suivent les uns les autres par ordre de grandeur, les plus grands après les plus petites, chacun des nombres $\frac{p}{q}$ vient occuper une place parfaitement déterminée dans une série simplement infinie, dont le terme général sera désigné par φ_ν. Mais cette proposition peut aussi se tirer comme conclusion de ce j'ai dit ailleurs, que l'ensemble (ω) de tous les nombres réelles algébriques peut se mettre sous la forme d'une série infinie:

$$\omega_1, \omega_2, \ldots\ldots \omega_\nu, \ldots\ldots$$

avec le terme général ω_ν; cette propriété de l'ensemble (ω) se transmet en effet à l'ensemble de tous les nombres rationnels $\geqq 0$ et $\leqq 1$, parce que cet dernier ensemble est une partie intégrante du premier (ω).

Soit maintenant e la variable quise présente dans le théorème (D) et qui peut prendre toutes les valeurs numériques réelles de l'intervalle $(0 \ldots\ldots 1)$, à l'exception des nombres φ_ν.

Qu'on prenne ensuite dans l'intervalle $(0 \ldots\ldots 1)$ une série quelconque infinie de nombres ε_ν *irrationnels* et soumise aux conditions qu'en général on a $\varepsilon_\nu < \varepsilon_{\nu+1}$ et que $\lim\limits_{\nu=\infty} \varepsilon_\nu = 1$; soit par exemple:

$$\varepsilon_\nu = 1 - \frac{\sqrt{2}}{2^\nu}.$$

Qu'on désigne par f une variable, qui peut prendre toutes les valeurs réelles de l'intervalle $(0 \ldots\ldots 1)$, à l'exception des valeurs ε_ν, par g une autre variable, qui peut prendre toutes les valeurs réelles de l'intervalle $(0 \ldots\ldots 1)$, à l'exception des ε_ν et des φ_ν.

Nous disons que:

$$e \sim f.$$

En effet d'après la notation du § 3 on a:

$$e \equiv \{g, \varepsilon_\nu\}$$

et:

$$f \equiv \{g, \varphi_\nu\}.$$

Mais on a: $g \sim g$; $\varepsilon_\nu \sim \varphi_\nu$; nous concluons donc d'après (E) que $e \sim f$.

Le théorème à démontrer (D) est donc ramené au théorème suivant:

(F). »*Une variable f qui peut prendre toutes les valeurs de l'intervalle $(0 \ldots\ldots 1)$, à l'exception des valeurs d'une série donnée ε_ν, soumise aux conditions que $\varepsilon_\nu < \varepsilon_{\nu+1}$ et que $\lim\limits_{\nu=\infty} \varepsilon_\nu = 1$, peut se joindre d'une façon complète et à sens unique à une variable x qui peut prendre toutes les valeurs $\geqq 0$ et $\leqq 1$; en d'autres termes, on a $f \sim x$.*«

§ 5.

Nous appuyons la démonstration de (F) sur les théorèmes suivants (G), (H), (J):

(G). »*Soit* y *une variable, qui peut prendre toutes les valeurs de l'intervalle* $(0 \ldots . 1)$ *à l'exception seulement de* 0, x *une variable qui comporte toutes les valeurs de l'intervalle* $(0 \ldots . 1)$ *sans exception, on a:* $y \sim x$.»

La démonstration de ce théorème (G) se fait de la manière la plus simple en considérant la courbe ci-contre, dont les abscisses à partir de 0 représentent la grandeur x, et les ordonnées la grandeur y. Cette courbe est composée d'un nombre infini de segments de droites $\overline{ab}$, $\overline{a'b'}$, ... $\overline{a^{(\nu)}b^{(\nu)}}$, ... (qui sont parallèles entre eux et deviennent infiniment petits quand ν croît à l'infini) et du point isolé c, dont ces segments se rapprochent asymptotiquement. Mais les points extrêmes a, a', ... $a^{(\nu)}$ devant être considérées comme faisant partie de la courbe, au contraire les points extrêmes b, b', ... $b^{(\nu)}$, ... doivent être regardés comme en dehors de cette courbe. Les longueurs représentées dans la figure sont:

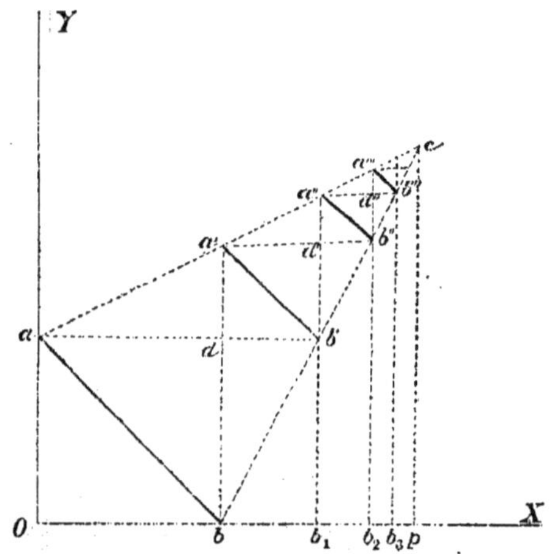

$$\overline{Op} = \overline{pc} = 1; \ \overline{Ob} = \overline{bp} = \overline{Oa} = \frac{1}{2};$$

$$\overline{a^{(\nu)}d^{(\nu)}} = \overline{d^{(\nu)}b^{(\nu)}} = \overline{b_{\nu-1}b_\nu} = \frac{1}{2^{\nu+1}}.$$

On se convainc que, tandis que l'abscisse x prend toutes les valeurs de 0 à 1, l'ordonnée y les prend aussi toutes, à l'exception seulement de la valeur 0.

Le théorème (G) étant ainsi démontré, on obtient en appliquant les formules de transformation: $y = \frac{z-\alpha}{\beta-\alpha}$; $y = \frac{u-\alpha}{\beta-\alpha}$, la généralisation de (G):

(H). »*Une variable z, qui peut prendre toutes les valeurs d'un intervalle $(\alpha \ldots \beta)$, où $\alpha \gtrless \beta$, à l'exception de la seule valeur α, est équivalente à une variable u qui peut prendre toutes les valeurs du même intervalle $(\alpha \ldots \beta)$ sans exception.*»

De là nous arrivons immédiatement au théorème suivant:

(J). »*ω étant une variable susceptible de prendre toutes les valeurs de l'intervalle $(\alpha \ldots \beta)$ à l'exception des deux valeurs extrêmes α et β, u étant la même variable que dans* (H), *on a $\omega \sim u$.*»

En effet: soit γ une valeur quelconque entre α et β; qu'on introduise comme auxiliaires quatre nouvelles variables ω', ω'', u'' et z.

Supposons que z soit la même variable que dans (H), que ω' prenne toutes les valeurs de l'intervalle $(\alpha \ldots \gamma)$ à l'exception des deux valeurs extrêmes α et γ; qu'on donne à ω'' toutes les valeurs de l'intervalle $(\gamma \ldots \beta)$ à l'exception de la seule valeur extrême β; soit enfin u'' une variable susceptible de prendre toutes les valeurs de l'intervalle $(\gamma \ldots \beta)$ y compris les valeurs extrêmes.

On a alors:

$$\omega \equiv \{\omega', \omega''\}$$

$$z \equiv \{\omega', u''\}$$

Mais par suite de (H) on a $\omega'' \sim u''$; nous concluons donc que $\omega \sim z$. Mais d'après (H) on a aussi: $z \sim u$; par conséquent on a encore: $\omega \sim u$, ce qui démontre le théorème (J).

Nous pouvons maintenant démontrer le théorème (F) comme il suit:

En renvoyant à la signification des variables f et x dans l'enoncée de (F), nous introduisons certaines variables auxiliaires:

$$f', f'', \ldots f^{(\nu)}, \ldots$$

et

$$x'', x^{IV}, \ldots x^{(2\nu)} \ldots$$

Soient: f'' une variable qui comporte toutes les valeurs de l'intervalle $(0 \ldots\ldots \varepsilon_1)$ à l'exception de la seule valeur extrême ε_1; $f^{(\nu)}$ pour $\nu > 1$ une variable susceptible de prendre toutes les valeurs de l'intervalle $(\varepsilon_{\nu-1} \ldots\ldots \varepsilon_\nu)$ à l'exception des deux valeurs extrêmes $\varepsilon_{\nu-1}$ et ε_ν; $x^{(2\nu)}$ une variable qui comporte toutes les valeurs de l'intervalle $(\varepsilon_{2\nu-1} \ldots\ldots \varepsilon_{2\nu})$ sans exception.

Si on joint encore aux variables $f', f'', \ldots\ldots f^{(\nu)}, \ldots\ldots$ la quantité constante 1, toutes ces grandeurs prises ensemble ont le même champ que f, c. a. d. qu'on a:

$$f \equiv \{f', f'', \ldots\ldots f^{(\nu)}, \ldots\ldots 1\}$$

De même on se convainc que:

$$x \equiv \{f', x'', f''', x^{\mathrm{IV}}, \ldots\ldots f^{(2\nu-1)}, x^{(2\nu)}, \ldots\ldots 1\}$$

Mais par suite du théorème (J) on a:

$$f^{(2\nu)} \sim x^{(2\nu)};\ \text{puis}: f^{(2\nu-1)} \sim f^{(2\nu-1)};\ 1 \sim 1;$$

d'où à cause du théorème (E) § 3:

$$f \sim x.$$

§ 6.

Je vais maintenant donner une démonstration beaucoup plus courte pour le théorème (D); si je ne me suis pas borné à celle-là, cela est venu de ce que les théorèmes auxiliaires (F), (G), (H), (I), qui ont servi à une démonstration plus compliquée, ont de l'intérêt en eux-mêmes. — Nous désignons par x, comme plus haut, une variable qui peut prendre toutes les valeurs réelles de l'intervalle $(0 \ldots\ldots 1)$, y compris les valeurs extrêmes; soit e une variable qui ne comporte que les valeurs irrationnelles de l'intervalle $(0 \ldots\ldots 1)$; il faut démontrer que $x \sim e$.

Nous nous représentons, comme dans § 4, les nombres rationnels ≥ 0 et ≤ 1 sous forme de série, avec le terme général φ_ν, où ν a à parcourir la série des nombres $1, 2, 3, \ldots\ldots$ Nous prenons ensuite dans l'intervalle $(0 \ldots . 1)$ une série infinie quelconque de nombres irrationnels distincts entre eux; soit η_ν le terme général de cette série $\left(\text{p. ex: } \eta_\nu = \frac{\sqrt{2}}{2^\nu}\right)$.

Qu'on désigne par h une variable susceptible de prendre toutes les valeurs de l'intervalle $(0 \ldots . 1)$ à l'exception des φ_ν aussi bien que des η_ν.

D'après le formalisme adoptée dans § 3 on a alors:

$$(1) \qquad x \equiv \{h, \eta_\nu, \varphi_\nu\}$$

et

$$e \equiv \{h, \eta_\nu\}$$

Nous pouvons aussi écrire la dernière formule comme il suit:

$$(2) \qquad e \equiv \{h, \eta_{2\nu-1}, \eta_{2\nu}\}$$

Si maintenant nous remarquons que:

$$h \sim h; \; \eta_\nu \sim \eta_{2\nu-1}; \; \varphi_\nu \sim \eta_{2\nu}$$

et si nous appliquons aux deux formules (1) et (2) le théorème (E) § 3, nous obtenons $x \sim e$; c. q. f. d.

§ 7.

La pensée viendrait naturellement de choisir, pour la démonstration de (A) la forme de représentation des fractions *décimales* infinies au lieu des fractions *continues* que nous avons employées; il semblerait que cette méthode nous aurait conduit plus promptement au but; mais au contraire elle entraine avec elle une difficulté sur laquelle je veux attirer l'attention ici; et c'est la raison qui m'a fait renoncer dans ce travail à l'emploi des fractions décimales.

Si on a p. ex. deux variables x_1 et x_2 et qu'on pose:

$$x_1 = \frac{\alpha_1}{10} + \frac{\alpha_2}{10^2} + \ldots + \frac{\alpha_\nu}{10^\nu} + \ldots$$

$$x_2 = \frac{\beta_1}{10} + \frac{\beta_2}{10^2} + \ldots + \frac{\beta_\nu}{10^\nu} + \ldots$$

en supposant que les nombres α_ν, β_ν deviennent des nombres entiers $\geqq 0$ et $\leqq 9$ et ne prennent pas constamment, à partir d'un certain ν, la valeur 0 (excepté lorsque x_1 ou x_2 est égal à 0), ces expressions de x_1, x_2 seront déterminées, dans tous les cas avec une signification unique, c. a. d. x_1 et x_2 déterminent les séries infinies de nombres α_ν et β_ν, et réciproquement.

Si maintenant on tire de x_1 et x_2 un nombre:

$$t = \frac{\gamma_1}{10} + \frac{\gamma_2}{10^2} + \ldots + \frac{\gamma_\nu}{10^\nu} + \ldots$$

en posant:

$$\gamma_{2\nu-1} = \alpha_\nu;\ \gamma_{2\nu} = \beta_\nu$$

pour

$$\nu = 1, 2, \ldots \infty$$

il s'établit un rapport à sens unique entre le système x_1, x_2 et la variable t; car un seul système de valeurs x_1, x_2 conduit à une valeur donnée de t. Mais la variable t, et c'est la particularité à remarquer ici, *ne prend pas toutes les valeurs de l'intervalle* $(0 \ldots 1)$, elle a une variabilité restreinte, tandis que x_1 et x_2 ne sont soumis à aucune restriction dans ce même intervalle. En effet, toutes les valeurs de la somme de la série:

$$\frac{\gamma_1}{10} + \frac{\gamma_2}{10^2} + \ldots + \frac{\gamma_\nu}{10^\nu} + \ldots,$$

où, à partir d'un certain $\nu > 1$, tous les $\gamma_{2\nu-1}$ ou tous $\gamma_{2\nu}$ ont la valeur zéro, doivent être considérées comme au dehors des limites de variabilité de t, parce qu'elles ramèneraient à des représentations, par fractions décimales, de x_1 ou x_2, qui sont finies et par conséquent inadmissibles.

§ 8.

Le travail que nous avions en vue étant terminé dans les paragraphes précédents, quelques remarques plus générales pourront trouver place ici, comme conclusion.

Le principe (A) et par suite le principe (B) peuvent être généralisés, de sorte que des *ensembles continus* d'un nombre *infiniment grand de dimensions ont la même puissance que les ensembles continus d'une seule dimension; toutefois cette généralisation est essentiellement liée à l'hypothèse que les dimensions infiniment nombreuses forment elles-mêmes un ensemble de la première classe ou puissance.* Au lieu du théorème (A) on a le suivant:

(A'). »*Soit* $x_1, x_2, \ldots x_\mu$, *une série simplement infinie de grandeurs variables, réelles, indépendantes l'une de l'autre, dont chacune peut prendre toutes les valeurs* $\geqq 0$ *et* $\leqq 1$, *et soit* t *une autre variable avec les mêmes limites* $(0 \leqq t \leqq 1)$, *on peut faire correspondre par une opération à sens unique cette grandeur* t *au système des* $x_1, x_2, \ldots x_\mu, \ldots$, *qui sont en nombre infini.*»

Ce théorème (A') se ramène, à l'aide du théorème (D) § 3, au suivant:

(C'). »*Soit* $e_1, e_2, \ldots e_\mu, \ldots$ *une série infinie de grandeurs variables indépendantes l'une de l'autre, dont chacune peut prendre toutes les valeurs numériques irrationnelles de l'intervalle* $(0 \ldots 1)$ *et soit* d *une autre variable irrationnelle avec les mêmes limites, on peut joindre cette grandeur* d *par une opération à sens unique au système des grandeurs en nombre infini:* $e_1, e_2, \ldots e_\mu, \ldots$»

La démonstration de (C') se fait de la manière la plus simple, en appliquant le développement de la fraction continue et en posant, comme dans § 2:

$$e_\mu = (\alpha_{\mu,1}, \alpha_{\mu,2}, \ldots \alpha_{\mu,\nu}, \ldots)$$

pour $\mu = 1, 2, \ldots \infty$

$$d = (\beta_1, \beta_2, \ldots \beta_\lambda, \ldots)$$

et en établissant entre les nombres entiers positifs α et β le rapport:

$$\alpha_{\mu,\nu} = \beta_\lambda,$$

où:

$$\lambda = \mu + \frac{(\mu+\nu-1)(\mu+\nu-2)}{2}.$$

En effet la fonction $\mu + \frac{(\mu+\nu-1)(\mu+\nu-2)}{2}$, comme il est facile de le montrer, jouit de cette propriété remarquable de représenter tous les nombres entiers positifs, et chacun d'eux une fois seulement, quand μ et ν y prennent également, indépendamment l'un de l'autre toutes les valeurs positives entières.

Le théorème (A') paraît indiquer le terme jusqu'à quel on peut généraliser le théorème (A) et les conséquences qui en découlent. Et maintenant que nous avons ainsi démontré, pour un champ extraordinairement riche et étendu *d'ensembles*, la propriété de pouvoir se joindre à sens complet et unique à une droite continue ou à une partie de cette droite (en entendant par *parties d'une ligne tous les ensembles de points qui y sont contenus*) la question se pose de savoir comment se comportent, *au point de vue de leur puissance,* les différentes parties d'une ligne droite continue c. a. d. les différents ensembles de points qu'on y peut imaginer en nombre infini.

Si nous dépouillons ce problème de sa forme géométrique et si, comme il a déjà été expliqué au § 3, nous entendons par *ensemble linéaire de nombres réels* tout ensemble imaginable de quantités réelles distinctes entre elles et en nombre infini, la question se pose ainsi: *en quelles classes se devisent les ensembles linéaires, et quel est le nombre de ces classes, si on groupe dans des classes différentes les ensembles de différente puissance, et dans la même les ensembles de même puissance?* Par un procédé d'induction, dans la description duquel nous n'entrerons pas davantage, on est amené à ce théorème, que le nombre des classes d'ensembles obtenus d'après ce mode de groupement est un nombre fini et qu'il est égal à *deux.*

D'après cela les ensembles linéaires comprendraient deux classes (1) dont la *première* contient tous les ensembles susceptibles d'être ramenés à la forme: *functio ipsius* ν (où ν parcourt tous les nombres entiers positifs); tandis que la *seconde* classe embrasse tous les ensembles reductibles à la forme: *functio ipsius* x (où x peut prendre toutes les valeurs réelles $\geqq 0$ et $\leqq 1$).

(1) Que ces deux classes soient distinctes en réalité, c'est la conséquence immédiate du théorème démontré dans le § 2 du travail cité plus haut (Journ. d. Math. pures et appliquées t. 77, p. 260), d'après lequel, si on a une série régulière infinie $u_1, u_2, \ldots u_\nu, \ldots$ on peut toujours trouver dans chaque intervalle donné $(\alpha \ldots . \beta)$ des nombres v qui ne se présentent pas dans la série proposée.

Il n'y aurait donc dans les ensembles linéaires infinis, et par conséquent aussi dans tous les autres qui s'y ramènent par une opération à sens complet et unique, que *deux espèces* de *puissances,* répondant à ces deux classes; nous remettons à plus tard la solution exacte de cette question.

Halle a. S. 11 Juillet 1877.

SUR LES ENSEMBLES INFINIS ET LINÉAIRES DE POINTS

PAR

G. CANTOR

à HALLE a. S.

I.

(Extrait des Annales mathématiques de Leipsic, vol. 15.)

Dans un mémoire publié dans le Journal de M. Borchardt, t. 84 j'ai démontré pour une classe très-étendue d'ensembles géométriques et arithmétiques, soit continus, soit discontinus, qu'on peut les faire correspondre sans ambiguité à des points distribués d'une façon continue ou discontinue sur un segment de droite. Ces derniers ensembles acquièrent par là une importance particulière; nous les appellerons *ensembles* ou *systêmes linéaires* de points. Les points d'un tel systême sont distribués sur un segment de droite de longueur finie ou infinie ou bien de façon à occuper tout le segment ou bien de façon à n'occuper que des parties de ce segment, et il ne paraît pas hors de propos de les étudier et de chercher à les classer; c'est ce que nous nous proposons de faire ici. En partant de divers points de vue et des principes de classification, qui s'y rattachent, nous sommes amenés à partager les ensembles de points linéaires en certaines catégories. Pour commencer par un de ces points de vue, rappelons-nous la notion de l'ensemble dérivé d'un ensemble de points donné P, telle qu'elle a été donnée dans un travail sur les séries trigonométriques (Annales math. t. 5); dans un ouvrage récemment paru de M. U. Dini (Fondamenti per la teorica d. funz. d. variabili reali, Pisa, 1878) nous voyons cette notion encore plus développée, puisqu'elle sert de point de départ à une série de généralisations remarquables de théorèmes analytiques connus.(¹)

D'ailleurs cette notion de *l'ensemble dérivé* d'un ensemble donné n'est pas restreinte aux ensembles linéaires, mais elle s'applique de la même manière aux ensembles à deux, trois ou n dimensions continus ou discontinus. Comme nous le montrerons plus tard, c'est sur cette notion que repose la conception la plus claire et en même temps la plus générale d'un *ensemble continu.*

Le *dérivé* $P^{(1)}$ *d'un ensemble de points* P est en effet l'ensemble de tous les points qui jouissent de la propriété de coïncider avec un point-limite de P, peu importe d'ailleurs que ce point-limite soit en même temps un point de P, ou non.

Comme alors le *dérivé* d'un ensemble P est un nouveau ensemble déterminé $P^{(1)}$, on peut aussi chercher le *dérivé* de $P^{(1)}$, qui s'appellera le *deuxième ensemble dérivé* ou simplement le *deuxième dérivé* de P; et en continuant ainsi, on obtient le $\nu^{\text{ème}}$ *dérivé* de P, que l'on désigne par $P^{(\nu)}$.

Il peut se faire que la suite des dérivés $P^{(1)}$, $P^{(2)}$, ... conduise à un dérivé $P^{(n)}$ composé de points qui ne se présentent qu'en nombre fini dans chaque étendue finie, en sorte que $P^{(n)}$ n'a pas de points-limites et par conséquent ne donne lieu à aucun dérivé; dans ce cas nous disons que le système de points P est du premier genre et de la $n^{\text{ème}}$ espèce. Mais si la série des dérivés de P, la série $P^{(1)}$, $P^{(2)}$, $P^{(3)}$, ... est infinie, nous disons que l'ensemble de points P est du deuxième genre. De là on reconnaît sans peine que si P est du premier genre et de la $n^{\text{ème}}$ espèce, $P^{(1)}$, $P^{(2)}$, $P^{(3)}$, ... appartiennent aussi au premier genre et sont respectivement de la $\overline{n-1}^{\text{ème}}$, de la $\overline{n-2}^{\text{ème}}$, de la $\overline{n-3}^{\text{ème}}$ espèce; qu'ensuite si P est du deuxième genre, la même conséquence s'applique à tous les dérivés $P^{(1)}$, $P^{(2)}$, ... Il est aussi à remarquer que tous les points de $P^{(2)}$, $P^{(3)}$, ... sont toujours aussi des points du premier dérivé

(¹) Voir aussi: Ascoli, Nouve richerche sulla serie di Fourier. Reale Academia dei Lincei (1877—78).

$P^{(1)}$, tandis qu'un point appartenant à $P^{(1)}$ n'est pas nécessairement un point de P.

On découvre ensuite des caractères importants d'un ensemble de points P, si l'on étudie la manière dont se comporte cet ensemble par rapport à un intervalle donné continu $(\alpha \ldots \beta)$, dont les points extrêmes sont considérés comme appartenant à l'intervalle même. Il peut se faire que quelques points ou même que tous les points de cet intervalle soient en même temps des points de P, ou bien qu'aucun point de $(\alpha \ldots \beta)$ n'appartienne à P; dans ce dernier cas nous disons que P est tout entier en dehors de l'intervalle $(\alpha \ldots \beta)$.

Si P est contenu dans l'intervalle $(\alpha \ldots \beta)$, en tout ou en partie, il peut se présenter un cas remarquable: c'est le cas où chaque intervalle $(\gamma \ldots \delta)$, si petit qu'il soit, compris dans $(\alpha \ldots \beta)$, contient des points de P. Dans ce cas nous dirons que P est *condensé dans tout l'intervalle* $(\alpha \ldots \beta)$.

Comme exemples de systèmes de points ainsi condensés dans toute l'étendue de l'intervalle $(\alpha \ldots \beta)$, nous avons: 1° tout ensemble de points auquel appartiennent comme éléments tous les points de l'intervalle $(\alpha \ldots \beta)$; 2° l'ensemble de points composé de tous les points dont les abscisses sont des nombres rationnels; 3° le système de points composé de tous les points, qui ont pour abscisses les nombres rationnels de la forme $\pm \frac{2n+1}{2^m}$, où n et m sont des nombres entiers positifs.

De cette explication de l'expression »*condensé dans toute l'étendue d'un intervalle donné*«, il résulte que, si un système de points n'est pas condensé dans tout un intervalle $(\alpha \ldots \beta)$, il doit nécessairement exister un intervalle $(\gamma \ldots \delta)$ compris dans le premier et où ne se trouve aucun point de P. On peut montrer aussi que, si P est condensé dans tout l'intervalle $(\alpha \ldots \beta)$ non seulement la même chose est vrai pour $P^{(1)}$, mais encore $P^{(1)}$ a pour points tous ceux de l'intervalle $(\alpha \ldots \beta)$. On pourrait prendre cette propriété de $P^{(1)}$ comme point de départ de l'explication de l'expression »être condensé dans toute l'étendue d'un intervalle«, puisqu'on peut dire: un système de points P est condensé dans toute l'étendue de l'intervalle $(\alpha \ldots \beta)$ quand son premier dérivé $P^{(1)}$ renferme comme éléments tous les points de $(\alpha \ldots \beta)$.

Si P est condensé dans tout un intervalle $(\alpha \ldots \beta)$, il l'est aussi dans toute l'étendue d'un autre intervalle quelconque $(\alpha' \ldots \beta')$ contenu dans le premier.

Un système de points P condensé dans toute l'étendue d'un intervalle $(\alpha \ldots \beta)$ est nécessairement du deuxième genre; car alors $P^{(1)}$, et par suite $P^{(2)}$, $P^{(3)}$ ... sont aussi condensés dans tout l'intervalle $(\alpha \ldots \beta)$ et cette suite de dérivés de P est illimitée, c. a. d. que P appartient au second genre.

De là nous concluons qu'un système de points P du premier genre n'est sûrement pas condensé dans tout un intervalle $(\alpha \ldots \beta)$, quel que soit d'ailleurs cet intervalle et que, par suite, on peut toujours trouver dans $(\alpha \ldots \beta)$ un intervalle $(\gamma \ldots \delta)$, qui ne renferme pas un seul point de P.

Quant à la question de savoir si réciproquement tout système de points du deuxième genre est de telle nature, qu'il y ait un intervalle dans toute l'étendue duquel il soit condensé, nous nous en occuperons plus tard. Nous arrivons maintenant à un second mode de classification des ensembles linéaires de points non moins important que le premier: il est fondé sur la considération de la *puissance*. Dans le mémoire cité plus haut (Journal de M. BORCHARDT t. 84) nous avons dit en général de deux ensembles M et N géométriques, arithmétiques ou appartenant à quelque autre catégorie bien définie, qu'ils ont *même puissance*, quand on peut les faire correspondre entre eux d'après quelque loi déterminée, de manière qu'à chaque élément de M corresponde un élément de N et, réciproquement, à chaque élément de N, un élément de M.

Suivant que deux ensembles sont de même puissance ou non, elles peuvent être placés dans une même classe ou dans des classes différentes. On peut appliquer ces règles générales spécialement aux ensembles linéaires de points que l'on partagera par conséquent en classes déterminées; les systèmes de points d'une classe sont tous de même puissance, au contraire. les systèmes de points appartenant à différentes classes sont de puissance différente. Chaque système de points particulier peut être considéré comme représentant la classe à laquelle il appartient. Ici se présente en première ligne la classe des systèmes de points qui ont la même puissance que la suite naturelle des nombres: 1, 2, 3, ... ν, ... et qu'on peut, par conséquent, représenter sous forme d'une série simplement infinie, dont le terme général dépend de ν.

A cette *première* classe appartiennent par exemple tous les systèmes de points du premier genre; mais beaucoup de systèmes de points du deuxième genre font aussi partie de cette classe, par exemple: 1° le système de points composé de tous les points d'un intervalle qui ont pour abscisses des nombres rationnels (cf. Journal d. M. BORCHARDT, t. 84, p. 250); 2° le système de points composé de tous les points d'un intervalle qui ont pour abscisses des nombres algébriques (cf. Journal de M. BORCHARDT, t. 77, p. 258).

Après cela, se présente à nous une *seconde* classe de systèmes linéaires de points; cette classe est *représentée* par le système des points appartenant à un *intervalle continu*, par exemple par le système de tous les points dont les abscisses sont $\geqq 0$ et $\leqq 1$. A cette classe appartiennent par exemple:

1° Tout intervalle continu $(\alpha \ldots \beta)$.

2° Tout système de points composé de plusieurs intervalles séparés continus $(\alpha \ldots \beta)$, $(\alpha' \ldots \beta')$, $(\alpha'' \ldots \beta'')$, ..., en nombre fini ou infini.

3° Tout système de points obtenu en supprimant dans un intervalle continu un ensemble fini ou infini de points $u_1, u_2, \ldots u_\nu, \ldots$ de la *première* classe (cf. Journal de M. BORCHARDT, t. 84, p. 254).

Nous n'examinerons pas ici, si ces deux classes sont les seules que forment les ensembles infinis et linéaires de points; mais nous voulons démontrer maintenant que ces deux classes sont distinctes en réalité; pour cela il faut d'abord montrer qu'on ne peut pas faire correspondre entre eux point pour point deux représentants quelconques de ces deux classes.

Comme représentant de la deuxième classe choisissons ici l'intervalle continu $(0 \ldots 1)$; si cet ensemble appartenait en même temps à la *première* classe, il devrait exister une série simplement infinie $u_1, u_2, \ldots u_\nu, \ldots$ composée de tous les nombres réels $\geqq 0$ et $\leqq 1$, en sorte que tout nombre situé dans cet intervalle se présenterait dans cette série à une place déterminée. Mais cette hypothèse est en contradiction avec un théorème très-général que nous avons démontré rigoureusement dans le Journal de M. BORCHARDT, t. 77, p. 260, à savoir:

»*Etant donnée une série simplement infinie*

$$u_1, u_2, \ldots u_\nu, \ldots$$

de nombres réels inégaux progressant d'après une loi quelconque, on peut indiquer dans chaque intervalle proposé ($\alpha \ldots \beta$) *un nombre* v *(et par conséquent on en peut indiquer une infinité) qui ne soit pas compris parmi les termes de cette série.»*

En égard au grand intérêt qui s'attache à ce théorème, non seulement dans la présente théorie, mais encore dans beaucoup d'autres questions d'arithmétique ou d'analyse, il ne paraît pas inutile de développer ici, en la modifiant et la simplifiant, la démonstration que nous avons donnée alors.

D'après cela, étant donnée une série

$$u_1, u_2, \ldots u_\nu, \ldots$$

que nous désignerons par le symbole (u_ν) et un intervalle quelconque ($\alpha \ldots \beta$) où $\alpha < \beta$; il s'agit de démontrer que, dans cet intervalle on peut trouver un nombre réel v, qui ne se présente pas dans (u_ν).

I. Nous remarquons d'abord que si notre ensemble (u_ν) n'est pas condensé dans tout l'intervalle ($\alpha \ldots \beta$), il faut que dans cet intervalle ($\alpha \ldots \beta$) il y en ait un autre ($\gamma \ldots \delta$) dont tous les nombres n'appartiennent pas à (u_ν); on peut donc choisir pour v un nombre quelconque de l'intervalle ($\gamma \ldots \delta$). Ce cas ne présente donc aucune difficulté et nous pouvons passer à l'autre cas plus compliqué.

II. Supposons l'ensemble (u_ν) condensé dans tout l'intervalle ($\alpha \ldots \beta$). Dans ce cas tout intervalle ($\gamma \ldots \delta$), si petit qu'il soit, compris dans ($\alpha \ldots \beta$) contient des nombres de notre série (u_ν). Pour montrer que néanmoins il y a dans l'intervalle ($\alpha \ldots \beta$) des nombres v qui ne se trouvent pas dans (u_ν), faisons les remarques suivantes. Comme dans notre série:

$$u_1, u_2, \ldots u_\nu, \ldots$$

il y a certainement des nombres qui se rencontrent dans l'intervalle ($\alpha \ldots \beta$), il faut qu'un de ces nombres ait le plus petit indice, qu'il soit $u_{\varkappa_1}$, et un autre l'indice immédiatement supérieur: $u_{\varkappa_2}$.

Désignons par α' le plus petit des deux nombres $u_{\varkappa_1}$, $u_{\varkappa_2}$, et le plus grand par β'.

(Ils ne peuvent être égaux entre eux, parce que nous avons supposé notre série composée de nombres inégaux.)

On a alors d'après la définition:

$$\alpha < \alpha' < \beta' < \beta,$$

puis: $x_1 < x_2$; et il faut remarquer en outre que tous les nombres u_μ de notre série pour lesquels $\mu \leqq x_2$ ne sont pas situés à l'intérieur de l'intervalle $(\alpha' \ldots \beta')$ comme il ressort immédiatement de la détermination des nombres u_{x_1}, u_{x_2}. De même désignons par u_{x_3}, u_{x_4} les deux nombres de la série (u_ν) affectés des plus petits indices, que l'on rencontre situés dans les limites de l'intervalle $(\alpha' \ldots \beta')$; soit α'' le plus petit de ces nombres et β'' le plus grand.

On a alors:

$$\alpha' < \alpha'' < \beta'' < \beta',$$

$$x_2 < x_3 < x_4,$$

et on reconnait que tous les nombres u_μ de notre série pour lesquels $\mu \leqq x_4$ ne sont pas compris dans l'intérieur de l'intervalle $(\alpha'' \ldots \beta'')$.

Quand on est arrivé, en suivant toujours la même loi, à un intervalle $(\alpha^{(\nu-1)} \ldots \beta^{(\nu-1)})$, l'intervalle suivant se tire de ce dernier, en considérant les deux premiers nombres de notre série (u_ν) (c. à d. ceux qui ont les plus petits indices) qui se rencontrent dans l'intervalle $(\alpha^{(\nu-1)} \ldots \beta^{(\nu-1)})$; soient $u_{x_{2\nu-1}}$, $u_{x_{2\nu}}$ ces deux nombres; on désignera le plus petit d'entre eux par $\alpha^{(\nu)}$, le plus grand par $\beta^{(\nu)}$.

L'intervalle $(\alpha^{(\nu)} \ldots \beta^{(\nu)})$ est alors compris dans tous les intervalles précédents et il a avec notre série (u_ν) ce rapport particulier que tous les nombres u_μ pour lesquels $\mu \lesseqqgtr x_{2\nu}$ ne sont certainement pas compris dans cet intervalle. Comme évidemment:

$$x_1 < x_2 < x_3 < \ldots, x_{2\nu-2} < x_{2\nu-1} < x_{2\nu}, \ldots$$

et que ces nombres, en tant qu'indices, sont des nombres entiers, on a:

$$x_{2\nu} \geqq 2\nu$$

et par suite:

$$\nu < x_{2\nu};$$

nous pouvons donc assurer, et cela nous suffit pour ce qui doit suivre, que: ν étant un nombre entier pris arbitrairement, la grandeur u_ν est en dehors de l'intervalle $(\alpha^{(\nu)} \ldots \beta^{(\nu)})$.

Comme les nombres α', α'', α''', ... $\alpha^{(\nu)}$, ... augmentent constamment de grandeur et sont néanmoins renfermés dans l'intervalle $(\alpha \ldots \beta)$, ils ont, d'après un théorème fondamental bien connu de la théorie des grandeurs, une limite que nous désignons par A, en sorte que:

$$A = \lim \alpha^{(\nu)} \qquad \text{pour} \quad \nu = \infty.$$

La même chose est vraie pour les nombres $\beta', \beta'', \beta''', \ldots \beta^{(\nu)}, \ldots$ qui décroissent constamment tous en restant compris dans l'intervalle $(\alpha \ldots \beta)$; nous désignerons leur limite par B, en sorte que:

$$B = \lim \beta^{(\nu)} \qquad \text{pour} \quad \nu = \infty.$$

On a évidemment:

$$\alpha^{(\nu)} < A \leqq B < \beta^{(\nu)}.$$

Mais il est facile de voir que le cas $A < B$ ne peut se présenter ici; autrement comme tout nombre u_ν de notre série serait en dehors de l'intervalle $(A \ldots B)$, puisque u_ν est en dehors de l'intervalle $(\alpha^{(\nu)} \ldots \beta^{(\nu)})$, notre série (u_ν) ne serait pas condensé dans tout l'intervalle $(\alpha \ldots \beta)$, contrairement à la supposition que nous avons faite.

Il ne reste donc que le cas $A = B$ et il est évident maintenant que le nombre: $v = A = B$ ne se présente pas dans notre série (u_ν).

Car si ce nombre était membre de notre série, soit le $\nu^{\text{ème}}$, on aurait: $v = u_\nu$.

Mais cette dernière équation n'est possible pour aucune valeur de ν, parce que v est compris dans l'intervalle $(\alpha^{(\nu)} \ldots \beta^{(\nu)})$, tandis que u_ν est en dehors de ce même intervalle.

Halle a. S. Janvier 1879.

SUR LES ENSEMBLES INFINIS ET LINÉAIRES DE POINTS

PAR

G. CANTOR

à HALLE a. S.

II.

(Extrait des Annales mathém. de Leipsic, t. 17.)

Pour faciliter, en l'abrégeant, l'exposition qui va suivre, qu'on me permette d'indiquer tout d'abord un système de notations.

Nous exprimerons par la formule $P \equiv Q$ l'identité de deux systèmes de points P et Q. Si les deux systèmes P et Q n'ont aucun élément commun nous dirons qu'ils sont *sans connexion*. Si un système P est composé de la réunion de plusieurs systèmes $P_1, P_2, P_3, \ldots$, en nombre fini ou infini, n'ayant deux à deux aucune connexion, nous écrirons:

$$P \equiv (P_1, P_2, P_3, \ldots).$$

Si tous les points d'un système P appartiennent à un autre système Q, nous dirons que P est *contenu* dans Q ou encore que P est un diviseur de Q, Q un multiple de P. Soient $P_1, P_2, P_3, \ldots$ des systèmes de points quelconques en nombre fini ou infini; ces systèmes ont un plus petit commun multiple que nous désignons par $\mathfrak{M}(P_1, P_2, P_3, \ldots)$; ce plus petit commun multiple est le système composé de tous les points différents de $P_1, P_2, P_3, \ldots$ et n'ayant pas d'ailleurs d'autres points comme éléments; ces systèmes ont de même un plus grand commun diviseur que nous désignons par $\mathfrak{D}(P_1, P_2, P_3, \ldots)$ et qui est le système des points communs à tous les $P_1, P_2, P_3, \ldots$ Par exemple, $P^{(1)}, P^{(2)}, P^{(3)}, \ldots$

étant les dérivés successifs d'un système de points P (v. Art. I), nous pouvons dire que $P^{(2)}$ est diviseur de $P^{(1)}$, $P^{(3)}$ diviseur de $P^{(2)}$ aussi bien que de $P^{(1)}$, et en général $P^{(\nu)}$ diviseur de $P^{(\nu-1)}$, $P^{(\nu-2)}$, ... $P^{(1)}$; au contraire $P^{(1)}$ en général n'est pas diviseur de P; mais si P lui-même est le premier dérivé d'un système Q, $P^{(1)}$ sera diviseur de P.

Il est de plus utile d'avoir un signe qui exprime l'absence de points; nous choisissons pour cela la lettre 0; ainsi $P \equiv 0$ signifie que le système P ne contient pas un seul point, et qu'ainsi, rigoureusement parlant, ce n'est pas un vrai système. Pour en donner ici un exemple, un système de points du premier genre et de la $n^{\text{ème}}$ espèce est caractérisé par $P^{(n+1)} \equiv 0$, au contraire $P^{(n)}$ est différent de 0.

Deux systèmes sont en connexion par leur plus grand commun diviseur, et si ce dernier $\equiv 0$, ils sont sans connexion.

Si deux systèmes de points P et Q ont la même puissance et appartiennent par conséquent à une même classe (art. I), nous les appelons équivalents et nous exprimons cette relation par la formule:

$$P \sim Q.$$

Si on a: $P \sim Q$; $Q \sim R$, on aura toujours aussi: $P \sim R$.

Soient ensuite $P_1, P_2, P_3, \ldots$ une série de systèmes, qui pris deux à deux n'ont aucune connexion entre eux, $Q_1, Q_2, Q_3, \ldots$ une autre série dans les mêmes conditions; soit aussi: $P_1 \sim Q_1$; $P_2 \sim Q_2$; $P_3 \sim Q_3$; ..., on aura:

$$(P_1, P_2, P_3, \ldots) \sim (Q_1, Q_2, Q_3, \ldots).$$

Les systèmes de points du premier genre, comme nous venons de le voir, peuvent être caracterisés d'une manière complète par la notion du système dérivé, telle qu'elle a été développée jusqu'ici; pour ceux du second genre cette notion ne suffit plus, et il faut en donner ici une extension qui se présente comme d'elle-même quand on approfondit la question.

Remarquons que dans la série des dérivés $P^{(1)}$, $P^{(2)}$, $P^{(3)}$, ... d'un système P, chaque terme est diviseur des précédents, et que par suite chaque nouveau dérivé $P^{(\nu)}$ se tire du précédent $P^{(\nu-1)}$ par l'élimination de certains points, sans qu'il s'en rencontre de nouveaux.

Si P est du deuxième genre, $P^{(1)}$ se composera de deux systèmes de points Q et R essentiellement distincts, en sorte que: $P^{(1)} \equiv (Q, R)$; l'un, Q, se compose des points de $P^{(1)}$ qui disparaissent dans la série $P^{(1)}$, $P^{(2)}$, $P^{(3)}$, ... quand on a suivi cette marche assez longtemps; l'autre R comprend les points qui sont conservés dans tous les termes de la série $P^{(1)}$, $P^{(2)}$, $P^{(3)}$, ...; R est donc défini par la formule:

$$R \equiv \mathfrak{D}(P^{(1)}, P^{(2)}, P^{(3)}, \ldots).$$

Mais nous avons aussi évidemment:

$$R \equiv \mathfrak{D}(P^{(2)}, P^{(3)}, P^{(4)}, \ldots)$$

et en général:

$$R \equiv \mathfrak{D}(P^{(n_1)}, P^{(n_2)}, P^{(n_3)}, \ldots),$$

où n_1, n_2, n_3 est une suite quelconque de nombres entiers positifs croissant à l'infini.

Désignons maintenant par le signe $P^{(\omega)}$ ce système de points R obtenu ainsi à l'aide du système P, et appelons-le le système dérivé de P *d'ordre* ω.

Désignons par $P^{(\omega+1)}$ le premier dérivé de $P^{(\omega)}$, par $P^{(\omega+n)}$ le $n^{\text{ème}}$ dérivé de $P^{(\omega)}$; $P^{(\omega)}$ aura aussi un système dérivé d'ordre ω généralement distincte de 0, et que nous appellerons $P^{(2\omega)}$. En continuant ces opérations, on arrive à des dérivés que nous désignerons conséquemment par: $P^{(n_0\omega+n_1)}$, où n_0, n_1 sont des nombres entiers positifs. Mais nous pouvons aller plus loin et former le système:

$$\mathfrak{D}(P^{(\omega)}, P^{(2\omega)}, P^{(3\omega)}, \ldots)$$

qui sera désigné par le symbole $P^{(\omega^2)}$.

En répétant maintenant la même opération et en la combinant avec les précédentes, on arrive à une notion plus générale, celle du système dérivé:

$$P^{(n_0\omega^2+n_1\omega+n_2)},$$

et en poursuivant cette marche on arrive à:

$$P^{(n_0\omega^\nu+n_1\omega^{\nu-1}+\ldots+n_\nu)},$$

où $n_0, n_1, \ldots n_\nu$ sont des nombres entiers positifs. En continuant cette généralisation on est amené à considérer ν comme variable et à envisager le système:

$$P^{(\omega^\omega)} \equiv \mathfrak{D}(P^{(\omega)}, P^{(\omega^2)}, P^{(\omega^3)}, \ldots).$$

On obtient successivement, en continuant de même, la notion de systèmes dérivés désignés par:

$$P^{(\omega^\omega)},\ P^{(\omega^\omega+1)},\ P^{(\omega^\omega+n)},\ P^{(\omega^{n\omega})},\ P^{(\omega^{\omega^n})},\ P^{(\omega^{\omega^\omega})} \text{ etc.}$$

Nous avons ainsi une suite infinie de systèmes, qui se déduisent les uns des autres suivant une loi nécessaire et indépendamment de toute conception arbitraire.

On a, pour les systèmes de points du premier genre, comme il résulte de leur définition même:

$$P^{(\omega)} \equiv 0;$$

il est à remarquer qu'on peut démontrer aussi la réciproque: tout système de points pour lequel cette équation a lieu, est du premier genre; les systèmes du premier genre, sont donc *complètement caractérisés* par cette équation.

Il est facile d'imaginer l'exemple d'un système de points du deuxième genre, pour lequel $P^{(\omega)}$ est composé d'un point donné p. A cet effet, considérons des intervalles qui se suivent, se limitent mutuellement, et convergent en même temps vers le point p en devenant infiniment petits; prenons dans chacun de ces intervalles un système de points du premier genre, dont l'ordre croisse au delà de toute limite, quand l'intervalle correspondant se rapproche de p. La reunion de tous ces systèmes fournit l'exemple en question. Cet exemple résout en même temps la question, posée dans l'art. I, de savoir si, à un système de points du deuxième genre, doit toujours appartenir un intervalle dans toute l'étendue duquel il soit condensé; or nous voyons, par l'exemple indiqué que cela n'a pas lieu nécessairement.

On construit avec la même facilité des systèmes de points du deuxième genre, pour lesquels $P^{(\omega+n)}$ ou $P^{(2\omega)}$ ou plus généralement:

$$P^{(n_0\omega^\nu+n_1\omega^{\nu-1}+\ldots+n_\nu)}$$

ce composent d'un point p déterminé d'avance.

Pour tous les systèmes analogues, il n'existe aucun intervalle dans toute l'étendue duquel ils soient condensés; de plus tous ces systèmes appartiennent à la première classe; à ce double point de vue ils ressemblent aux systèmes de points du premier genre.

Halle, mai 1880.

SUR LES ENSEMBLES INFINIS ET LINÉAIRES DE POINTS

PAR

G. CANTOR

À HALLE a. S.

III.

(Extrait d'un mém. d. Annales math. de Leipsic, t. XX, p. 113.)

Dans les deux articles précédents nous nous en sommes tenus rigoureusement au sujet indiqué par notre titre, et nous nous sommes occupés exclusivement de systèmes de points linéaires, c. à d. d'ensembles de points, donnés d'après une certaine loi et appartenant à une ligne droite continue indéfinie. C'était à dessein que je m'étais borné à ce cas; en effet, d'après les résultats indiqués dans mon travail: *Contribution à la théorie des ensembles,* (Journal de BORCHARDT, t. 84, p. 242), l'on peut faire correspondre, sans ambiguité, élément par élément, des ensembles à deux, trois, ... n dimensions à des systèmes linéaires de points; et l'on peut admettre a priori que la plupart des propriétés et des relations trouvées pour les ensembles linéaires de points, peuvent se démontrer aussi, avec des modifications faciles à deviner, pour les systèmes de points contenus dans des surfaces ou des espaces continus ou dans des ensembles continus de n dimensions. Mais je voudrais maintenant exposer cette généralisation d'une manière plus précise; car elle n'est pas seulement intéressante en elle-même et au point de vue des applications qu'on en peut faire dans la théorie des fonctions, mais elle fournit encore de nouveaux points de vue pour l'étude des ensembles linéaires de points.

Pour commencer par un de ces points de vue, on peut étendre immédiatement aux systèmes de points que l'on rencontre dans des ensembles continus de n dimensions, les notions précédemment données sur les dérivés des divers ordres déterminés non seulement par des nombres entiers finis, mais caractérisés dans certains cas par des symboles infinitaires dont la signification a été rigoureusement fixée. La notion de l'ensemble dérivé s'appuie encore ici sur celle de point-limite d'un ensemble de points donné P; et ce point-limite est défini par cette condition que, dans un espace aussi petit que l'on veut entourant ce point, il y a des points du système P autres que ce point lui-même; d'après cette définition le point-limite peut indifféremment appartenir ou ne pas appartenir au système P. M. Weierstrass a le premier enoncé d'une manière générale, et appliqué à la théorie des fonctions, le théorème suivant: tout système de points composé d'un nombre infini de points et situé dans une portion finie et continue d'un ensemble à n dimensions a au moins un point-limite.

L'ensemble de tous les points-limites d'un système P forme un nouveau système de points P', généralement distinct de P, et que j'appelle premier dérivé de P. On tire de là les notions des dérivés d'ordre plus élevé en reproduisant cette même opération un nombre fini ou même infini de fois. A l'égard de ces dérivés successifs se présente toujours ce fait facile à expliquer que tout dérivé, excepté le premier, est contenu dans les ensembles précédents, y compris le premier dérivé P'; tandis que le système donné P contient en général des points qui n'appartiennent pas à ses dérivés. On peut de même appliquer immédiatement aux systèmes à plusieurs dimensions la notion de la *condensation dans un intervalle*, que nous n'avons considérée d'abord que par rapport aux systèmes linéaires de points. Etant donné un système de points P situé dans un ensemble continu G_n à n dimensions, nous dirons que ce système est *condensé dans toute l'étendue* d'un ensemble continu partiel a contenu dans G_n, si tout ensemble a' contenu dans a et ayant le même nombre de dimensions que a renferme des points du système P.

Le premier dérivé P' (et de même tous les suivants) d'un système de points P condensé dans toute l'étendue d'un ensemble continu a renferme l'ensemble continu a lui-même avec tous les points de la limite du dernier; et réciproquement on peut aussi prendre cette propriété du système de points P comme point de départ pour arriver à la définition de la condensation de ce système dans toute l'étendue de l'ensemble a.

De même la notion de *puissance,* qui renferme en elle-même, comme cas particulier, la notion du nombre entier, ce fondement de la théorie des grandeurs, et que l'on pourrait considérer dans les ensembles comme le moment le plus général, cette notion, dis-je, est loin d'être restreinte aux systèmes de points linéaires; on peut bien plutôt la considérer comme un attribut de tout ensemble bien défini, quelle que soit d'ailleurs la constitution de ses éléments.

Je dis qu'un ensemble d'éléments appartenant à une sphère abstraite quelconque, est *bien défini* quand, par suite du principe logique du troisième exclu, on peut le considérer déterminé de telle façon que 1° un objet quelconque appartenant à cette sphère abstraite étant choisi, l'on puisse regarder comme *intrinsèquement* déterminé s'il appartient ou non au système en question et que 2° deux objets appartenant à l'ensemble étant donnés l'on puisse regarder comme *intrinsèquement* déterminé s'ils sont égaux ou non, malgré les différences qui peuvent se présenter dans la manière dont ils sont donnés.

En fait, on ne pourra pas généralement effectuer d'une manière sûre et précise les déterminations en question *avec les méthodes* ou *les moyens dont on dispose;* mais là n'est pas la question; il ne s'agit que de la détermination intrinsèque dont il faut tirer une détermination actuelle (extrinsèque) en perfectionnant les moyens auxiliaires, dans des cas concrets où cela sera nécessaire.

Pour éclaircir ceci, je rappelle la définition du système de tous les nombres algébriques; on peut, sans aucun doute, le concevoir être déterminé intrinsèquement si un nombre η choisi à volonté appartient ou non aux nombres algébriques; néanmoins le problème qui consiste à trouver cette détermination par rapport à un nombre donné η, est souvent, comme on le sait, un des plus difficiles; et c'est encore par exemple une question toujours indécise, et du plus haut intérêt, de savoir si le nombre π, qui exprime le rapport de la circonférence au diamètre, est un nombre algébrique, ou, comme c'est beaucoup plus vraisemblable, un nombre transcendant. Le même problème a été résolu il y a huit ans par M. Ch. Hermite, pour le nombre fondamental e du système naturel de logarithmes, dans le travail remarquable: »Sur la fonction exponentielle», (Paris 1874); il y démontre que le nombre e n'est racine d'aucune équation algébrique à coefficients rationnels entiers.

Si l'on a un ensemble géométrique, dont les éléments peuvent être non seulement des points, mais des lignes, des surfaces ou des solides, et si cet ensemble est *bien défini*, la question de sa puissance se présente encore immédiatement, et cette puissance sera ou égale à une des puissances que l'on rencontre dans des ensembles de points ou plus grande que toutes les puissances de ce genre.

Pour ce qui concerne les systèmes de points compris dans des ensembles continus de n dimensions, j'ai démontré rigoureusement (Journal de Borchardt, t. 84, p. 242) que leurs puissances sont les mêmes que celles des ensembles linéaires de points; ce fait peut être regardé comme une simple conséquence du théorème démontré dans ce Journal, et d'après lequel on peut faire correspondre élément par élément un ensemble continu à n dimensions à un ensemble continu à une dimension et par conséquent à un *continuum linéaire* droit; la question des diverses puissances dans les systèmes de points peut donc, sans rien perdre de sa généralité, se poser seulement pour les systèmes de points linéaires, comme je l'ai fait remarquer à la fin du travail cité tout à l'heure.

J'ai emprunté le mot: *puissance*, à J. Steiner qui l'a employé dans un sens tout à fait spécial, mais cependant toujours analogue, pour exprimer que deux figures, si on les fait correspondre entre elles par projection, sont dans un rapport tel qu'à chaque élément de l'une répond un élément de l'autre, et un seulement; dans la notion absolue de puissance, que l'on rencontre ici, on maintient, il est vrai, la relation réciproque à sens unique, mais on ne fait aucune restriction pour la loi de la correspondance, particulièrement en ce qui regarde la continuité et la discontinuité, en sorte qu'on attribue à deux systèmes la même puissance quand on peut d'après une loi quelconque, établir entre eux une correspondance réciproque à sens unique, et on ne peut leur attribuer la même puissance qu'à cette condition; quand les deux systèmes sont *bien definis*, on peut regarder comme *intrinsèquement* déterminée la question de savoir s'ils ont même puissance ou non; mais la solution actuelle de cette question dans les cas concrets est souvent un des problèmes les plus difficiles. Ce n'est qu'après bien des essais infructueux que j'ai pu réussir, il y a huit ans, à l'aide d'un théorème démontré dans le Journal de BORCHARDT, t. 77, p. 260, et dans l'article I du présent travail, à prouver que le *continuum linéaire* n'a pas la même puissance que la série naturelle des nombres.

La théorie des ensembles ainsi conçue, (en ne considérant que ce qui est mathématique et en laissant de côté provisoirement les autres sphères abstraites), comprend l'arithmétique, la théorie des fonctions et la géométrie; ces parties de la science sont ainsi ramenées grâce à la notion de puissance à une unité commune. Le continu et le discontinu sont ainsi considérés au même point de vue et se trouvent ramenées à une commune mesure.

La plus petite puissance que l'on puisse rencontrer généralement dans des systèmes infinis, c. à d. composés d'un nombre infini d'éléments, est la puissance de la série des nombres entiers positifs rationnels; j'ai nommé les ensembles de cette classe systèmes qu'on peut *compter* à l'infini, ou simplement systèmes dénombrables; ce qui les caractérise, c'est qu'on peut les représenter (de bien des manières) sous la forme d'une série régulière simplement infinie:

$$E_1, E_2, \ldots\ldots E_\nu, \ldots\ldots,$$

en sorte que chaque élément du système occupe une place déterminée de la série et que la série ne renferme pas d'autres membres que les éléments du système donné.

Chaque partie infinie d'un système dénombrable forme un nouveau système qu'on peut dénombrer à l'infini.

Etant donné un système fini ou infini mais dénombrable de systèmes (E), (E'), (E''), ..., dont chacun est respectivement dénombrable, le système produit par la réunion de tous les éléments de (E), (E'), (E''), ... jouira de la même propriété.

Ces deux propositions simples et faciles à prouver servent de base à l'étude des systèmes dénombrables. Aussi, l'on reconnait, comme je l'ai déjà fait remarquer souvent, que tous les systèmes donnés sous la forme d'une série n-tiplement infinie dont le terme général est $E_{\nu_1, \nu_2, \ldots\ldots \nu_n}$ (où $\nu_1, \nu_2, \ldots\ldots \nu_n$ peuvent prendre, indépendamment l'un de l'autre, toutes les valeurs numériques positives entières) sont des systèmes, susceptibles d'être dénombrés, c. à d. qu'on peut les représenter sous la forme de séries simplement infinies; mais à cette classe appartiennent aussi des systèmes, dont le terme général a la forme:

$$E_{\nu_1,\ \nu_2,\ \ldots\ldots\ \nu_\mu},$$

où μ peut aussi prendre toutes les valeurs numériques positives entières; l'ensemble de tous les nombres algébriques est un exemple particulièrement remarquable de cette dernière espèce d'ensembles (V. J. de BORCHARDT, t. 77, p. 258). L'arithmétique et l'algèbre présentent une quantité innombrable d'exemples de cette propriété; toutefois la géométrie n'en offre pas en moindre quantité. Le *théorème* suivant qui trouve plus d'une application élégante dans la théorie des nombres et dans celle des fonctions, pourra en fournir la preuve.

Soit, dans un espace continu G_n, de n dimensions, étendu à l'infini de tous côtés, un nombre infini d'ensembles partiels (a), continus,(¹) de n dimensions, séparés l'un de l'autre et ne se touchant tout au plus qu'à leurs limites; je dis que le système (a) d'ensembles partiels de cette espèce peut toujours être dénombré.

Il faut remarquer qu'ici on ne fait aucune supposition sur le partage et sur la grandeur de l'espace total des ensembles a; leur étendue peut être aussi petite qu'on voudra, et ils pourront se rapprocher indéfiniment de tout point de G_n qui ne leur appartient pas; le théorème est sans aucune exception, pourvu seulement que chaque ensemble partiel a (tous les a ayant n dimensions d'après l'hypothèse) occupe un volume total déterminé (aussi petit que l'on voudra) et que les divers a ne se rencontrent tout au plus qu'à leurs limites.

On peut démontrer ce théorème de la manière suivante: Je suppose qu'au moyen de rayons vecteurs réciproques on transforme l'espace infini, à n dimensions G_n en une figure H_n à n dimensions comprise à l'interieur d'un espace infini G_{n+1} de $n+1$ dimensions, où H_n est déterminé de telle sorte que ses points sont tous à une distance 1 d'un point fixe de l'espace G_{n+1}. (Pour le cas $n=1$ ce sera un cercle de rayon 1; pour le cas $n=2$, une sphère de rayon 1). A chaque ensemble partiel a de G_n à n dimensions correspond un ensemble partiel b de H_n à n

(¹) Pour chaque figure continue on considère comme en faisant partie les points qui lui servent de limite.

dimensions, et d'étendue déterminée; si maintenant on peut démontrer pour le système (b) la propriété de pouvoir être dénombré, on en déduira, à cause de la correspondance réciproque à sens unique, la même propriété pour le système (a).

Le système (b) est susceptible d'être dénombré parce que le nombre des ensembles b, qui d'après leur étendue sont plus grands qu'un nombre γ donné à volonté, est nécessairement fini; car leur somme est plus petite que le nombre

$$\frac{2\pi^{\frac{n+1}{2}}}{\Gamma\left(\frac{n+1}{2}\right)},$$

c. à d. plus petite que l'étendue de la figure H_n, dans laquelle les b sont tous compris; il suit de là que l'on peut ordonner les ensembles b, d'après la grandeur de leur étendue, en une série simplement infinie, en sorte que les plus petits suivent les plus grands et finissent par devenir infiniment petits.

Le cas $n = 1$ donne lieu au théorème suivant, qui est essentiel pour le développement de la théorie des ensembles linéaires de points: Tout ensemble *d'intervalles* ($\alpha \ldots\ldots \beta$) distincts, ne se rencontrant tout au plus qu'à leurs points extrêmes, et situés sur une ligne droite indéfinie, est nécessairement un ensemble susceptible d'être dénombré; la même chose est donc vraie aussi pour le système des points extrêmes α et β, mais ne l'est pas toujours pour le dérivé du dernier ensemble de points.

Dans le cas $n = 2$, ce théorème montre que l'on peut dénombrer tout ensemble de surfaces partielles distinctes, ne se rencontrant tout au plus qu'à leurs limites, et situées dans un plan indéfini; ce cas paraît avoir de l'importance dans la théorie des fonctions de variables complexes. Je remarque en même temps qu'il n'est pas difficile d'étendre ce théorème aux ensembles de surfaces partielles distinctes situées sur une surface qui recouvre le plan un nombre fini ou infini de fois.

Quant aux ensembles de points susceptibles d'être dénombrés, ils présentent un phénomène remarquable que je voudrais faire connaître dans ce qui va suivre. Considérons un système de points quelconque (M) condensé dans toute l'étendue d'un ensemble continu G_n à n dimensions, et jouissant de la propriété de pouvoir être dénombré, en sorte qu'on peut représenter les points appartenant à (M) sous forme de série:

$$M_1, M_2, \ldots\ldots M_\nu, \ldots\ldots;$$

prenons comme exemple, dans notre espace à trois dimensions, le système de tous les points dont les coordonnées, par rapport à un système orthogonal de coordonnées x, y, z, sont toutes trois des nombres algébriques. Imaginons le système dénombrable de points (M), enlevé de l'ensemble G_n et désignons par A l'ensemble qui reste alors; nous avons ce théorème remarquable, que: pour $n \overline{>} 2$ l'ensemble A ne cesse pas d'être continu et connexe; en d'autres termes, que: deux points quelconques N et N' de l'ensemble A peuvent toujours être réunis par une ligne continue qui appartient, avec tous ses points, à l'ensemble A, en sorte qu'elle ne contient pas un seul point du système (M).

Il suffit de reconnaître la vérité de ce théorème pour le cas $n = 2$; sa démonstration repose essentiellement sur le théorème démontré dans l'art. I, que: si on a une série régulière quelconque de grandeurs réelles:

$$u_1, u_2, \ldots\ldots u_\nu, \ldots\ldots,$$

(parmi lesquelles il peut y en avoir qui soient égales, ce qui évidemment ne change rien au théorème), on peut trouver dans chaque intervalle $(\alpha \ldots\ldots \beta)$ donné arbitrairement, et si petit qu'on le suppose, des grandeurs réelles v, qui ne se présentent pas dans cette série.

Soit en effet G'_2 une portion continue quelconque du plan indéfini; prenons dans G'_2 le système de points (M) supposé dénombrable et condensé dans toute l'étendue de G'_2; soient enfin N et N' deux points quelconques de la portion continue G'_2, n'appartenant pas au système (M) et que nous relions d'abord l'un à l'autre par une ligne continue l comprise dans l'intérieur de G'_2, sans nous inquiéter des points (M); il faut montrer maintenant que la ligne l peut être remplacée par une autre ligne continue l', qui relie aussi l'un à l'autre les points N et N', qui est aussi comprise dans les limites de G'_2, mais qui ne contient pas un seul point du système (M).

En général il y aura sur l un nombre infini de points du système (M), en tout cas ils forment sur cette ligne une partie de (M), par conséquent aussi un système susceptible d'être dénombré.

Par suite du théorème d'arithmétique qui vient d'être mentionné, il y a donc dans chaque intervalle de la ligne l, si petit qu'il soit, des points qui n'appartiennent pas à (M). Considérons un nombre fini N_1, N_2, ... N_x, de ces points de la ligne l, tels que les segments de droites NN_1, N_1N_2, ... N_xN' soient aussi compris en entier dans l'intérieur de G'_2. On peut toujours remplacer ces segments par des arcs de cercle ayant les mêmes points extrêmes, compris aussi dans les limites de G'_2, ne renfermant pas un seul point du système (M) et formant, par leur réunion, une ligne continue l' ayant les caractères décrits plus haut.

Il suffira de démontrer cette proposition pour un des segments, par exemple pour le premier NN_1.

Les cercles qui passent par les points N et N_1 forment un groupe continu, simplement infini; leurs centres sont sur une droite déterminée g; déterminons la position d'un de ces centres par sa distance u à un point fixe O de la droite g, cette distance étant affectée d'un signe; on peut alors en tout cas faire varier u dans un intervalle $(\alpha \ldots\ldots \beta)$ tel que, pour chaque cercle correspondant à un de ces u, un des deux arcs de cercle qui relient N et N_1 se trouve tout entier dans l'ensemble G'_2.

Les centres des cercles de notre groupe qui passent par les points:

$$M_1, M_2, \ldots\ldots M_\nu, \ldots\ldots$$

du système M, forment sur la droite g un système de points susceptible d'être dénombré:

$$P_1, P_2, \ldots\ldots P_\nu, \ldots\ldots,$$

les valeurs correspondantes de u étant:

$$u_1, u_2, \ldots\ldots u_\nu, \ldots\ldots$$

Si on prend alors dans l'intervalle $(\alpha \ldots\ldots \beta)$ un nombre v qui ne soit égal à aucun u_ν (ce qu'on peut toujours faire d'après le théorème cité), on obtient, en faisant $u = v$, un cercle du groupe, sur la circonférence duquel ne se trouve pas un seul point du système (M) et qui, à cause de $\alpha < v < \beta$, nous présente un arc de cercle reliant les points N et N_1, dans les conditions demandées.

Il est donc démontré que, étant donnés deux points quelconques N et N' de l'ensemble A', qui reste de l'ensemble G'_2 après qu'on en a enlevé un système de points (M) condensé dans toute son étendue et susceptible d'être dénombré, on peut relier ces deux points par une courbe continue l' composée d'un nombre fini d'arcs de cercle, et appartenant avec tous ses points à l'ensemble A', c. à d. ne contenant pas un seul point du système (M).

Du reste on pourrait aussi, par le même moyen, relier les points N et N' par une ligne continue se développant d'après une loi analytique unique, et comprise tout entière dans l'ensemble A'.

A ces théorèmes se rattachent des considérations sur la nature de l'espace réel à trois dimensions qui doit servir de base à la description et à l'explication des phénomènes qui se présentent dans le monde réel. On sait que cet espace, soit à cause des formes qui s'y rencontrent, soit surtout à cause des mouvements qui y ont lieu, est considéré comme généralement continu. D'après les travaux publiés en même temps, mais indépendants l'un de l'autre, de Dedekind (V. l'opuscule: La continuité et les nombres irrationnels, R. Dedekind, Brunswick, 1872) et de l'auteur, cette dernière supposition consiste seulement en ce que tout point, dont les coordonnées x, y, z par rapport à un système de coordonnées rectangulaire sont fournies par des nombres réels déterminés quelconques, rationnels ou irrationnels, est considéré comme appartenant réellement à l'espace; il n'y a à cela aucune nécessité intrinsèque et il n'y faut voir qu'une construction arbitraire, quoique légitime. L'hypothèse de la continuité de l'espace n'est donc rien autre chose que la supposition, arbitraire en elle-même, de la correspondance complète, réciproque et à sens unique entre le continu purement arithmétique à trois dimensions (x, y, z) et l'espace qui sert de base au monde des phénomènes.

Nous pouvons facilement par la pensée faire abstraction de points isolés de l'espace, même quand ils sont condensés dans toute une étendue, et aboutir à la notion d'un espace discontinu à trois dimensions A, dans les conditions décrites plus haut. Quant à la question qui se présente alors, de savoir si on peut aussi imaginer un mouvement continu dans des espaces ainsi discontinus, il faut, d'après ce qui précède, y répondre affirmativement, et d'une manière absolue; car nous avons montré qu'on peut relier deux points quelconques d'une figure A par un nombre infini de lignes continues parfaitement regulières. On arrive donc à cette conséquence remarquable qu'on ne peut rien conclure immédiatement, du seul fait du mouvement continu, pour la continuité générale de l'espace à trois dimensions, tel qu'on l'a conçu pour expliquer les phénomènes du mouvement. On peut donc entreprendre l'essai d'une mécanique modifiée, applicable aux espaces de la même nature que A: grâce aux résultats de ces recherches, que l'on comparera avec les faits, on arrivera peut-être à obtenir des points d'appui réels pour l'hypothèse de la continuité générale de l'espace, tel qu'on le conçoit dans la pratique.

Berlin, le 31 Mars 1882.

SUR LES ENSEMBLES INFINIS ET LINÉAIRES DE POINTS

PAR

G. CANTOR

À HALLE a. S.

IV.

(Traduction d'un mémoire publié dans les Annales mathématiques de Leipsic, t. XXI, p. 51.)

Nous avons maintenant à énoncer et à démontrer divers théorèmes nouveaux qui se rattachent aux développements donnés précédemment, et qui sont à la fois intéressants en eux-mêmes et utiles pour la théorie des fonctions. Nous nous servirons de la notation suivante.

Soient plusieurs ensembles de points $P_1, P_2, P_3, \ldots$ qui n'ont deux à deux aucun *point commun,* et P le système résultant de leur réunion, nous choisirons, au lieu des formules employées plus haut, (t. XVII, p. 355), la formule plus commode:

$$P \equiv P_1 + P_2 + P_3 + \ldots.$$

Et par conséquent, Q étant un ensemble contenu dans P et R le système qui reste quand on enlève Q de P, on pourrait écrire:

$$R \equiv P - Q.$$

Un système de points Q, que nous nous représentons dans un espace continu à n dimensions, peut être dans des conditions telles qu'aucun des points qui lui appartiennent ne soit en même temps un point-limite; nous donnerons à ce système, pour lequel

$$\mathfrak{D}(Q;\ Q') \equiv 0,$$

le nom de système de points *isolé*. Si l'on a un système de points quelconque non isolé P, on peut en tirer un système isolé Q, en enlevant de P le système $\mathfrak{D}(P,\ P')$.

On a donc:

$$Q \equiv P - \mathfrak{D}(P,\ P')$$

et par conséquent:

$$P \equiv Q + \mathfrak{D}(P,\ P').$$

Tout ensemble de points peut donc être composé d'un ensemble isolé Q et d'un autre ensemble R, qui est diviseur de l'ensemble dérivé P'. Si nous remarquons ensuite, ce qui a déjà été signalé souvent, que chaque dérivé supérieur d'un système P est contenu dans le dérivé précédent, nous voyons que:

$$P' - P'',\quad P'' - P''',\ \ldots\ldots\ P^{(\nu)} - P^{(\nu+1)},\ \ldots\ldots$$

sont tous des systèmes isolés.

Mais on a les décompositions, très-importantes pour ce qui doit suivre:

$$P' \equiv (P' - P'') + (P'' - P''') + \ldots\ldots + (P^{(n-1)} - P^{(n)}) + P^{(n)}$$

et

$$P' \equiv (P' - P'') + (P'' - P''') + \ldots\ldots + (P^{(\nu-1)} - P^{(\nu)}) + \text{à l'infini} + P^{(\omega)}.$$

Maintenant le théorème suivant est vrai pour les systèmes de points isolés:

Théorème I. Tout ensemble de points isolé peut être *dénombré*, et appartient par conséquent à la première classe.

Démonstration. Soient Q un système de points isolé quelconque compris dans un espace à n dimensions, q un point de ce système, q', q'', q''' ..... les autres points de Q.

Les distances $\overline{qq'}$, $\overline{qq''}$, $\overline{qq'''}$, ... ont une limite inférieure, que je désigne par ρ.

Soient de même ρ' la limite inférieure des distances $\overline{q'q}$, $\overline{q'q''}$, $\overline{q'q'''}$, ..., ρ'' la limite inférieure des distances $\overline{q''q}$, $\overline{q''q'}$, $\overline{q''q'''}$, ... etc.

Toutes ces grandeurs ρ, ρ', ρ'', ρ''', ... sont distinctes de zéro, parce que Q est un ensemble isolé.

Qu'on trace, avec q comme centre, la figure à $(n-1)$ dimensions, dont les points sont à la distance $\frac{\rho}{2}$ de q; cette figure borne une sphère pleine à n dimensions, que nous désignerons par K. Qu'on forme de même une sphère pleine K' ayant pour centre le point q' et pour rayon $\frac{\rho'}{2}$, une sphère pleine K'' ayant pour centre le point q'' et pour rayon $\frac{\rho''}{2}$, etc.

Il est maintenant essentiel de remarquer que deux quelconques de ces sphères pleines, par ex. K et K' peuvent tout au plus être tangentes entre elles, mais sont d'ailleurs complètement extérieures l'une à l'autre.

Cela dérive de ce que, d'après la définition des grandeurs ρ et ρ', elles sont plus petites que $\overline{qq'}$ ou égales à $\overline{qq'}$, et que par conséquent les rayons $\frac{\rho}{2}$, $\frac{\rho'}{2}$ des deux sphères K et K' ne sont pas plus grands que la moitié de la ligne des centres $\overline{qq'}$.

Par conséquent les sphères pleines K, K', ... forment un ensemble de portions, extérieures l'une à l'autre et à n dimensions, de l'espace à n dimensions que nous avons pris pour base; mais un ensemble de cette espèce peut toujours être dénombré, comme on l'a démontré t. XX, p. 117. Par conséquent les centres q, q', q'', ... forment aussi un système susceptible d'être dénombré, c. à d. que Q peut être dénombré.

Nous pouvons maintenant énoncer les théorèmes suivants.

Théorème II. Si le dérivé P' d'un ensemble de points P peut être dénombré, P jouit aussi de la même propriété.

Démonstration. Qu'on désigne par R le plus grand commun diviseur de P et de P', en sorte que:

$$R \equiv \mathfrak{D}(P, P')$$

et qu'on pose:

$$P - R \equiv Q.$$

Q est alors, comme nous l'avons vu plus haut, un ensemble isolé, et par conséquent susceptible d'être dénombré d'après le théorème I.

R jouit de la même propriété, comme élément constitutif du système P', susceptible d'être dénombré, d'après l'hypothèse.

La réunion de deux systèmes susceptibles d'être dénombrés donne toujours lieu à un nouveau système qu'on peut également dénombrer; par conséquent $P \equiv Q + R$ est susceptible d'être dénombré.

Théorème III. Tout ensemble du premier genre et de la $n^{ème}$ espèce peut être dénombré.

1ère Démonstration. Le théorème est évident pour les systèmes de points d'espèce 0 qui sont évidemment des systèmes de points isolés. Mais nous allons développer complètement l'induction, en supposant le théorème vrai pour les systèmes de points de 0ème, de 1ère, de 2ème, ... de $(n-1)^{ème}$ espèce, et nous allons montrer, avec cette hypothèse, qu'il est vrai aussi pour les systèmes de points de la $n^{ème}$ espèce.

Soit P un système de points de la $n^{ème}$ espèce, P' sera de la $(n-1)^{ème}$ espèce; P' est donc susceptible d'être dénombré, d'après l'hypothèse, et par conséquent P l'est aussi d'après le théorème II.

2e Démonstration. P étant un système de points de la $n^{ème}$ espèce, $P^{(n)}$ sera de l'espèce 0, et par conséquent un système de points isolé.

On a alors:

$$P' \equiv (P' - P'') + (P'' - P''') + \ldots\ldots + (P^{(n-1)} - P^{(n)}) + P^{(n)}.$$

Tous les éléments du côté droit $(P' - P'')(P'' - P''')$, ... $(P^{(n-1)} - P^{(n)})$ et $P^{(n)}$ sont des ensembles isolés, par conséquent tous susceptibles d'être dénombré d'après le théorème I; le système P' formé par leur réunion, est donc susceptible d'être dénombré et, d'après le théorème II, P le sera aussi.

Théorème IV. Tout système de points du deuxième genre, pour lequel $P^{(\omega)}$ est susceptible d'être dénombré, jouit aussi de la même propriété.

La démonstration de ce théorème ressort de la décomposition suivante:

$$P' \equiv (P' - P'') + \ldots\ldots + (P^{(\nu-1)} - P^{(\nu)}) + \ldots\ldots \text{ à l'infini } + P^{(\omega)}.$$

En effet comme tous les éléments de droite sont susceptibles d'être dénombrés et que l'ensemble de ces éléments est de la première puissance, on tire de là pour P' et d'après le théorème II pour P, la propriété de pouvoir être dénombré.

Si on désigne par α un quelconque des symboles d'infini introduits t. XVII p. 357, on a le théorème plus général:

Théorème V. Tout système de points P du deuxième genre pour lequel $P^{(\alpha)}$ est susceptible d'être dénombré, jouit aussi de la même propriété.

Ce théorème se démontre, à l'aide de l'induction complète, comme les théorèmes III et IV.

On peut aussi formuler les derniers théorèmes de la manière suivante: P étant un système de points non-susceptible d'être dénombré, $P^{(\alpha)}$ ne le sera pas non plus, soit que α soit un nombre entier fini, ou un des symboles d'infini.

Dans leurs travaux sur certaines généralisations de théorèmes du calcul intégral, M.M. du Bois-Reymond et Harnack emploient des systèmes de points linéaires que l'on peut renfermer dans un nombre fini d'intervalles, en sorte que la somme de tous les intervalles est plus petite qu'une grandeur donnée à volonté.

Pour qu'un système de points linéaire jouisse de cette propriété, il faut évidemment qu'il ne soit condensé dans toute l'étendue d'aucun intervalle, si petit qu'il soit; cependant cette dernière condition ne parait pas suffisante pour qu'un système de points soit tel que nous venons de le dire. En revanche nous pouvons démontrer le théorème suivant.

Théorème VI. Un système de points linéaire P contenu dans un intervalle (a, b) étant constitué de telle sorte que son ensemble dérivé P' soit susceptible d'être dénombré, on peut toujours renfermer P dans un nombre fini d'intervalles, la somme de ces intervalles étant aussi petite que l'on voudra.

Dans la démonstration qui va suivre nous nous servirons des théorèmes auxiliaires ci-dessous, dont le premier exprime une propriété connue des fonctions continues, et les deux autres sont le résultat de nos considérations précédentes.

Théorème auxiliaire I. Une fonction continue $\varphi(x)$ donnée dans un intervalle (c, d) de la variable continue x, et ayant à ses limites des valeurs inégales $\varphi(c)$ et $\varphi(d)$, prend une fois au moins une valeur y comprise entre les limites $\varphi(c)$ et $\varphi(d)$.

Théorème auxiliaire II. Un nombre infini d'intervalles, dans une droite infinie, extérieurs l'un à l'autre, et ne se rencontrant tout au plus qu'à leurs limites, est toujours susceptible d'être dénombré.

Théorème auxiliaire III. Si l'on a un ensemble de grandeurs, qui est de la première puissance:

$$u_1, u_2, \ldots\ldots u_\nu, \ldots\ldots$$

on peut, dans tout intervalle proposé, trouver une grandeur v qui ne se rencontre pas parmi ces grandeurs.

Démonstration du théorème VI. Prenons, pour simplifier, l'intervalle (a, b), qui comprend P, de sorte que $a = 0$, $b = 1$; on peut facilement, par une transformation, ramener le cas général à ce cas particulier. P se trouve donc dans l'intervalle $(0, 1)$; la même chose est évidemment vraie pour P' et pour le système produit par la réunion des points de P et P' et que nous désignerons par Q.

On a:

$$Q \equiv \mathfrak{M}(P, P').$$

Nous désignons ensuite par R le système de points compris dans l'intervalle $(0, 1)$ et qui est constitué par les points restants dans cet intervalle après qu'on en a enlevé le système Q, en sorte que:

$$(1) \qquad (0, 1) \equiv Q + R.$$

De ce que le système P' est susceptible d'être dénombré, comme on l'a supposé, on tire d'abord les conclusions suivantes:

1. P est aussi susceptible d'être dénombré, d'après le théorème II, par conséquent il en est de même de Q.

2. P et par conséquent P' ne sont condensés dans toute l'étendue d'aucun intervalle; car si P était condensé dans toute l'étendue de l'intervalle (i, k), tous les points de cet intervalle appartiendraient à P' et, d'après le théorème auxiliaire III, P' ne pourrait pas être dénombré. Par conséquent Q n'est condensé dans toute l'étendue d'aucun intervalle. Les valeurs des coordonnées, qui correspondent aux points du système Q, susceptible d'être dénombré, peuvent être appelées

$$(2) \qquad u_1, u_2, \ldots\ldots u_\nu, \ldots\ldots$$

Si maintenant nous considérons le système R, on peut montrer que les valeurs des coordonnées correspondant à ses points sont situées respectivement dans l'intérieur d'une série infinie d'intervalles:

(3) $$(c_1, d_1), (c_2, d_2), \ldots\ldots (c_\nu, d_\nu), \ldots\ldots$$

extérieurs l'un à l'autre et compris dans l'intervalle (0, 1). Comme les valeurs intérieures à ces intervalles appartiennent seules à des points du système R, il résulte de la relation (1) que les limites c_ν et d_ν de ces intervalles correspondent à des points du système Q, et par conséquent se présentent dans la série (2).

En effet, soit r un point de R, les points de Q ne peuvent pas se rapprocher à l'infini de r, parce qu'autrement r serait point-limite de P et par conséquent appartiendrait à Q. Il doit maintenant y avoir à gauche de r un point c et à droite de r un point d, tels qu'aucun point de Q ne se trouve dans l'intervalle (c, d) et que par contre il y ait en dehors de cet intervalle, des points de Q aussi rapprochés qu'on le voudra de c et de d, au cas où c et d ne sont pas des points isolés de Q; mais comme chaque point-limite de Q appartient à Q, c et d, même dans le dernier cas, appartiennent aussi à Q. Les intervalles en nombre infini (c, d), ainsi obtenus, sont tous, évidemment, extérieurs l'un à l'autre et forment par conséquent, d'après le théorème auxiliaire II, un système susceptible d'être dénombré (3), ce qu'il fallait démontrer.

Puisque nous supposons $c_\nu < d_\nu$, la grandeur de l'intervalle (c_ν, d_ν) est:

$$= d_\nu - c_\nu.$$

La somme de toutes ces grandeurs d'intervalles s'appellera σ, en sorte que:

(4) $$\sum_{\nu=1}^{\infty} (d_\nu - c_\nu) = \sigma.$$

On voit a priori que $\sigma \overline{\gtrless} 1$, parce que les intervalles sont tous extérieurs l'un à l'autre et sont contenus dans l'intervalle (0, 1). Si nous pouvions prouver que $\sigma = 1$, notre théorème VI serait démontré, comme on peut s'en convaincre par une considération très-simple se rattachant au sens des intervalles (c_ν, d_ν).

Toute notre démonstration se réduit donc à prouver que l'hypothèse $\sigma < 1$ conduit à une contradiction.

Pour cela nous définissons, pour $0 < x \overline{\gtrless} 1$, une fonction $f(x)$ comme il suit: Qu'on additionne les grandeurs de tous les intervalles (c_ν, d_ν), tant que ces intervalles tombent dans les limites de l'intervalle $(0, x)$ et qu'on pose cette somme $= f(x)$. (On convient de ne prendre dans cette somme, d'un intervalle (c_ν, d_ν) qui se trouve, en partie, en dehors de $(0, x)$, que la partie correspondante qui tombe dans les limites de $(0, x)$.)

On a évidemment:

$$f(1) = \sigma.$$

Si de plus on établit que $f(0) = 0$, il s'ensuit facilement que $f(x)$ est une fonction continue de x pour $0 \leqq x \leqq 1$.

En effet de la définition de $f(x)$ il résulte immédiatement que, x et $x + h$ étant deux valeurs distinctes de l'intervalle $(0, 1)$, on a pour des valeurs positives de h:

$$f(x + h) - f(x) \begin{smallmatrix} > 0 \\ \leqq h \end{smallmatrix}.$$

De là on conclut la continuité de $f(x)$.

On voit alors aussitôt, en revenant à la définition de $f(x)$, que, si x et $x + h$ sont deux valeurs distinctes d'un seul et même intervalle partiel (c_ν, d_ν), on a:

$$f(x + h) - f(x) = h,$$

par conséquent aussi:

$$(x + h) - f(x + h) = x - f(x).$$

Si donc on introduit la fonction

$$\varphi(x) = x - f(x),$$

$\varphi(x)$ sera aussi une fonction continue de x qui change sans diminuer de 0 à $1 - \sigma$, si x croît de 0 à 1. Ce changement se fait de telle façon que, dans les limites d'un des intervalles partiels (c_ν, d_ν), la fonction continue $\varphi(x)$ conserve une valeur constante.

De là résulte pour la fonction $\varphi(x)$ cette propriété que: toutes les valeurs qu'elle prend sont épuisées par la série de valeurs:

$$\varphi(u_1),\ \varphi(u_2),\ \ldots\ldots\ \varphi(u_\nu),\ \ldots\ldots \tag{5}$$

En effet x peut être égalé à une des valeurs u, et dans ce cas nous avons:

$$\varphi(x) = \varphi(u_\nu).$$

Ou bien x est une valeur comprise dans un des intervalles (c_ν, d_ν); dans ce cas, à cause de la constance de $\varphi(x)$ dans un de ces intervalles, nous avons:

$$\varphi(x) = \varphi(c_\nu) = \varphi(d_\nu).$$

Mais maintenant, comme nous l'avons vu plus haut, les valeurs c_ν et d_ν appartiennent également à la série (2), on a par exemple:

$$c_\nu = u_\lambda.$$

Par conséquent on a aussi dans ce cas:

$$\varphi(x) = \varphi(u_\lambda).$$

La série (5) comprend donc toutes les valeurs que peut prendre généralement $\varphi(x)$.

Le système de valeurs, que peut prendre la fonction continue $\varphi(x)$, est par conséquent susceptible d'être dénombré.

Si maintenant $\sigma < 1$, et par suite $1 - \sigma$ distinct de zéro, la fonction continue $\varphi(x)$, d'après le théorème auxiliaire I prendrait au moins une fois toute valeur y entre 0 et $1 - \sigma$. Par conséquent, dans la série (5) qui épuise toutes les valeurs prises par la fonction $\varphi(x)$, comme on vient de le montrer, on trouverait tous les nombres possibles de l'intervalle $(0, 1 - \sigma)$, ce qui est en contradiction avec le théorème auxiliaire III. Il ne reste donc que l'hypothèse $\sigma = 1$, ce qu'il fallait démontrer.

Hartzbourg, 1er Septembre 1882.

FONDEMENTS D'UNE THÉORIE GÉNÉRALE DES ENSEMBLES

PAR

G. CANTOR

À HALLE a. S.

(Extrait d'un article des Annales mathématiques de Leipsic, t. XXI, pag. 545.)

§ I.

Dans l'exposition de mes recherches sur la théorie des ensembles, je suis maintenant arrivé à un point où il me faut développer une généralisation de la notion de nombre entier réel, et ce développement m'entraîne dans une direction où personne, à ma connaissance, ne s'est engagé jusqu'à présent.

Je me trouve contraint de développer cette notion de nombre au point que je pourrais à peine, sans cela, avancer dans la théorie des ensembles; que cette nécessité où je me trouve placé me serve de justification ou d'excuse, si cela était nécessaire, pour avoir introduit dans mon travail un ordre d'idées qui y paraît étranger. Car il s'agit de développer cette notion dans le but de continuer la série des nombres entiers réels au-delà de l'infini; si hardie que paraisse cette tentative, je puis exprimer non-seulement l'espoir, mais la ferme conviction qu'avec le temps on considérera ce développement comme très-simple, très-naturelle et parfaitement accessible. En même temps je ne me dissimule pas cependant que par cette entreprise, je me mets en contradiction, dans une certaine mesure, avec les idées généralement répondues sur l'infini mathématique et avec les opinions qu'on a souvent défendues sur l'essence de la grandeur numérique.

Pour ce qui concerne l'infini mathématique, dans la mesure où jusqu'à présent, il a pu être employé légitimement dans la science et contribuer à ses progrès, il me semble qu'il se présente en première ligne dans le sens d'une grandeur variable, croissant au-delà de toute limite ou décroissant autant que l'on voudra, mais restant toujours finie. Je donne à cet infini le nom *d'infini improprement dit.*

Mais dans ces derniers temps il s'est formé, soit dans la géométrie, soit particulièrement dans la théorie des fonctions, un nouveau genre de notions d'infini, tout aussi légitimes; ainsi, d'après ces notions nouvelles, dans la recherche d'une fonction analytique d'une grandeur complexe variable, l'usage s'est imposé généralement de se représenter, dans le plan qui représente la variable complexe, un point unique situé dans l'infini, c. à d. infiniment éloigné, mais néanmoins déterminé, et d'examiner la manière dont se comporte la fonction dans le voisinage de ce point absolument comme dans le voisinage d'un autre point quelconque; on voit alors que la fonction dans le voisinage du point infiniment éloigné, se comporte précisément de la même manière que s'il s'agissait de tout autre point placé dans le fini, en sorte qu'on est pleinement autorisé par là à se représenter l'infini, dans ce cas, comme transporté sur un point tout à fait déterminé.

Quand l'infini se présente sous une forme ainsi déterminée, je l'appelle *infini proprement dit.*

Pour comprendre ce qui va suivre, distinguons bien ces deux formes sous lesquelles s'est présenté l'infini mathématique et sous lesquelles il a contribué aux plus grands progrès dans la géométrie, dans l'analyse, et dans la physique mathématique.

Sous sa première forme *d'infini improprement dit,* il se présente comme un fini variable; sous sa seconde forme que j'appelle *l'infini proprement dit,* il se présente comme un infini absolument déterminé. Les nombres réels entiers infinis que je définirai dans la suite et auxquels j'ai été amené il y a déjà de longues années, sans m'être assuré d'y trouver des nombres concrets à sens réel, (1) n'ont absolument rien de commun avec la première de ces deux formes, l'infini improprement dit; ils ont au contraire *le même caractère de détermination* que nous trouvons, dans la théorie des fonctions analytiques, pour le point infiniment éloigné; ils appartiennent donc aux formes et aux affections *de l'infini proprement dit.* — Mais tant que le point reste isolé dans l'infini du plan de nombres complexes en face de tous les points qui sont dans le fini, nous obtenons non-seulement *un* nombre entier infini, mais une suite infinie de ces nombres bien distincts les uns des autres et ayant, soit entre eux, soit avec les nombres entiers finis, des rapports réguliers .....

Ces rapports ne sont guère de ceux que l'on peut, au fond, ramener à des rapports de nombres finis entre eux; ce phénomène a lieu sans doute, mais il ne se présente fréquemment que dans les degrés et les formes diverses de *l'infini improprement dit,* par exemple dans les fonctions d'une variable x qui deviennent infiniment petites ou infiniment grandes, au cas où elles ont des numéros d'ordre finis déterminés en tendant à l'infini. Ces rapports, en fait, ne peuvent être considérés que comme une espèce de rapports du fini, ou comme pouvant s'y ramener immédiatement; les lois relatives aux *nombres entiers proprement infinis* sont par contre complètement différentes des dépendances que l'on trouve dans le fini.

Les *deux principes de formation,* à l'aide desquels on définit les nouveaux nombres infinis déterminés, comme on pourra s'en convaincre, sont tels qu'en les appliquant ensemble, on peut dépasser toutes les limites dans la formation abstraite des nombres entiers réels; mais heureusement on a d'autre part, comme nous le verrons, un *troisième* principe que j'appelle *principe d'arrêt* ou de *limitation,* et grâce auquel on peut donner certaines limites successives au procédé de formation qui est absolument sans fin; nous obtiendrons ainsi, dans la suite *absolument infinie* des nombres réels entiers, des *divisions naturelles,* que j'appellerai *classes de nombres.*

La *première classe de nombres* (I) est le système des nombres entiers finis 1, 2, 3, ... ν, ...; vient ensuite la seconde classe de nombres (II), composée de certains nombres entiers infinis α se suivant entre eux dans un ordre de succession déterminé:

(1) Je les ai appelés jusqu'à présent: »Symboles d'infini définis d'une façon déterminée«, v. Ann. math. t. XVII, p. 357, t. XX, p. 113, t. XXI, p. 54.

$$\omega,\ \omega+1,\ \omega+2,\ \ldots,\ 2\omega,\ 2\omega+1,\ \ldots,\ \nu_0\omega^\mu+\nu_1\omega^{\mu-1}+\ldots+\nu_{\mu-1}\omega+\nu_\mu,$$
$$\ldots,\ \omega^\omega,\ \ldots,\ \omega^{\omega^\omega},\ \ldots,\ \alpha,\ \ldots;$$

la seconde classe de nombres une fois définie, on arrive à la troisième, puis à la quatrième, et ainsi de suite.

L'introduction de ces nouveaux nombres entiers me paraît tout d'abord très-importante pour développer et affermir la notion de *puissance* que j'ai fait entrer dans mes travaux (J. de Borchardt, t. 77, p. 257; t. 84, p. 242) et que j'ai souvent employée dans les premiers numéros du présent travail. D'après cela, à tout système bien défini convient une puissance déterminée, et deux systèmes ont la même puissance, quand on peut établir entre elles, d'élément à élément, une correspondance réciproque à sens unique.

Dans les systèmes finis la *puissance* s'accorde avec le *nombre* des éléments, parce que ces systèmes ont, comme on sait, dans tous les arrangements, le même nombre d'éléments.

Pour les systèmes infinis au contraire, il n'avait été question généralement jusqu'ici, ni dans mes travaux ni ailleurs, d'un *nombre* d'éléments *défini avec précision,* mais on pouvait bien leur attribuer aussi une *puissance déterminée, et complètement indépendante de l'ordre de leurs éléments.*

Il fallait, comme il était facile de le faire voir, concéder la plus petite puissance des systèmes infinis aux ensembles capables d'avoir la correspondance réciproque à sens unique avec la *première* classe de nombres et ayant par suite la même puissance qu'elle. Mais jusqu'à présent on n'avait pas pour les *puissances supérieures,* une définition aussi simple et aussi naturelle.

Les classes de nombres entiers réels infinis déterminés nous apparaissent maintenant comme représentant naturellement, et sous une forme unie la *suite régulière des puissances croissantes de systèmes bien définis.* Je montre de la manière la plus précise que la puissance de la deuxième classe de nombres (II) ne diffère pas seulement de la puissance de la première classe, mais qu'elle est encore, en réalité, la puissance *immédiatement supérieure;* nous pouvons donc l'appeler *deuxième puissance* ou *puissance de deuxième classe.* On obtient de même, par la *troisième* classe de nombres, la définition de la *troisième puissance, ou puissance de troisième classe, etc. etc.*

§ 11.

Nous avons maintenant à montrer comment on est amené aux définitions de ces nouveaux nombres et de quelle manière on obtient, dans la suite des nombres entiers réels absolument infinie, les divisions naturelles que j'appelle *classes de nombres*. La série (I) des nombres entiers réels positifs $1, 2, 3, \ldots\ldots \nu, \ldots\ldots$ doit sa formation à la répétition et à la réunion d'unités qu'on a prises pour point de départ et qu'on considère comme égales; le nombre ν exprime un nombre fini déterminé de répétitions successives de ce genre, aussi bien que de la réunion des unités choisies en un seul tout. La formation des nombres entiers réels *finis* repose donc sur le principe de l'addition d'une unité à un nombre *déjà formé*; j'appelle *premier principe* de formation ce moment qui, comme nous le verrons bientôt, joue aussi un rôle essentiel dans la production des nombres entiers supérieurs. Le nombre des nombres ν de la classe (I), formé de cette manière, est infini et parmi tous ces nombres il n'y en a pas qui soit plus grand que tous les autres. Il serait donc contradictoire de parler d'un nombre maximum de la classe (I); toutefois on peut d'autre part imaginer un nouveau nombre, que nous appellerons ω, et qui *servira à exprimer que tout l'ensemble (I) est donné d'après la loi dans sa succession naturelle.* On peut même se représenter le nouveau nombre ω comme la limite vers laquelle tendent les nombres ν, à condition d'entendre par là que ω sera le *premier* nombre entier qui *suivra tous* les nombres ν, en sorte qu'il faut le déclarer supérieur à *tous* les nombres ν. En associant le nombre ω avec les unités primitives on obtient à l'aide du *premier principe* de formation les nombres plus étendus:

$$\omega + 1, \omega + 2, \ldots\ldots \omega + \nu, \ldots\ldots;$$

comme par là on n'arrive encore une fois à aucun nombre maximum, on imagine un nouveau, que l'on peut appeler 2ω et qui sera le *premier* après tous les nombres obtenus jusqu'à présent ν et $\omega + \nu$; si on applique encore au nombre 2ω le premier principe de formation, on arrive à continuer comme il suit les nombres obtenus jusqu'à présent:

$$2\omega + 1, 2\omega + 2, \ldots\ldots 2\omega + \nu, \ldots\ldots$$

La fonction logique qui nous a donné les deux nombres ω et 2ω, est évidemment différente du premier principe de formation; je l'appelle *deuxième* principe de formation des nombres réels entiers et je définis mieux ce principe en disant: *Etant donné une succession quelconque déterminée de nombres entiers réels définis, parmi lesquels il n'y en a pas qui soit plus grand que tous les autres, on pose, en s'appuyant sur ce deuxième principe de formation, un nouveau nombre que l'on regarde comme la limite des premiers, c. à d. qui est défini comme étant immédiatement supérieur à tous ces nombres.*

En appliquant et en combinant ces *deux principes* de formation on obtient donc successivement les continuations des nombres que nous avons obtenus jusqu'ici, comme il suit:

$$3\omega,\ 3\omega + 1,\ \ldots\ldots,\ 3\omega + \nu,\ \ldots\ldots$$

$$\ldots\ldots\ldots\ldots\ldots\ldots\ldots\ldots$$

$$\mu\omega,\ \mu\omega + 1,\ \ldots\ldots,\ \mu\omega + \nu,\ \ldots\ldots$$

$$\ldots\ldots\ldots\ldots\ldots\ldots\ldots\ldots$$

Cependant nous n'en sommes pas venu à la fin, parce que parmi les nombres $\mu\omega + \nu$ il n'y en a pas non plus qui soit plus grand que tous les autres.

Le deuxième principe de formation nous permet donc d'introduire un nombre qui suit immédiatement tous les autres $\mu\omega + \nu$, et que l'on peut appeler ω^2; à ce nombre se rattacheront dans un ordre de succession déterminé:

$$\lambda\omega^2 + \mu\omega + \nu$$

et l'on arrive alors évidemment, en suivant les deux principes de formation, à des nombres de la forme:

$$\nu_0\omega^\mu + \nu_1\omega^{\mu-1} + \ldots\ldots + \nu_{\mu-1}\omega + \nu_\mu;$$

mais alors le deuxième principe de formation nous amène à poser un nouveau nombre qui sera immédiatement supérieur à tous ces nombres et qu'on pourra désigner par ω^ω.

La formation de nouveaux nombres, comme on le voit, est *sans fin;* en suivant les deux principes de formation on obtient toujours de nouveaux nombres et de nouvelles séries de nombres, avec une *succession parfaitement déterminée.*

On pourrait donc croire d'abord que nous allons nous perdre à l'indéfini dans cette formation de nouveaux nombres entiers infinis déterminés et que nous ne sommes pas en état *d'arrêter provisoirement* ce procédé sans fin, pour arriver par là à une *limitation semblable à celle que nous avons trouvée, en fait, dans un certain sens, par rapport à l'ancienne classe de nombres* (I); là on n'employait que le premier principe de formation et on ne pouvait pas sortir de la série (I). Mais le deuxième principe de formation ne devait pas seulement conduire au-delà du système de nombres employé jusqu'à présent; il nous apparait encore certainement comme un moyen qu'on peut combiner avec le premier principe de formation pour arriver à *pouvoir franchir toute limite* dans la formation abstraite des nombres réels entiers.

Mais si nous remarquons maintenant que tous les nombres obtenus jusqu'à présent et ceux qui les suivent immédiatement remplissent une certaine condition, nous verrons que cette condition, *si on la pose comme obligatoire pour tous les nombres à former immédiatement,* nous apparait comme un *troisième* principe, qui vient s'ajouter aux deux premiers et que j'appelle *principe d'arrêt ou de limitation.* En vertu de ce principe, comme je le montrerai, la deuxième classe de nombres (II), définie par l'adjonction de ce principe, n'acquiert pas seulement une puissance plus élevée que (I), mais *précisément la puissance immédiatement supérieure,* et par conséquent la *deuxième puissance.*

La condition dont nous venons de parler et qui est remplie, comme on peut s'en convaincre immédiatement, par chacun des nombres infinis α définis jusqu'ici, est: *que le système des nombres qui se trouvent, dans la suite des nombres, avant celui qu'on considère* et à partir de 1, soit de la même puissance que la première classe de nombres (I). Prenons, par exemple, le nombre ω^ω, ceux qui le précèdent sont contenus dans la formule:

$$\nu_0\omega^\mu + \nu_1\omega^{\mu-1} + \ldots\ldots + \nu_{\mu-1}\omega + \nu_\mu,$$

où μ, ν_0, ν_1, ... ν_μ peuvent prendre toutes les valeurs finies positives entières, y compris zéro, et à l'exclusion de la combinaison: $\nu_0 = \nu_1 = \nu_2 = \ldots\ldots = \nu_\mu = 0$.

Comme on le sait, ce système peut se mettre sous forme d'une série *simplement* infinie et il a par conséquent *la même puissance que (I).*

Comme alors toute suite de systèmes dont chacun est de la première puissance, donne toujours lieu, si elle est elle-même de la première puissance, à un nouveau système, qui a la même puissance que (I), il est clair qu'en continuant notre suite de nombres on arrive toujours, en fait, à avoir immédiatement de nouveaux nombres qui *remplissent réellement cette condition.*

Nous définissons donc la deuxième classe de nombres (II): l'ensemble de tous les nombres α qu'on peut former à l'aide des deux principes de formation, qui se succèdent suivant un ordre déterminé:

$$\omega,\ \omega + 1,\ \ldots\ldots,\ \nu_0\omega^\mu + \nu_1\omega^{\mu-1} + \ldots\ldots + \nu_{\mu-1}\omega + \nu_\mu,\ \ldots\ldots,\ \omega^\omega,\ \ldots$$

$$\ldots\ \omega^{\omega^\omega},\ \ldots\ldots,\ \alpha,\ \ldots\ldots$$

et qui sont soumis à cette condition, que tous les nombres qui précèdent le nombre α, à partir de 1, forment un système de la même puissance que la classe de nombres (I).

§ 12.

Nous avons à démontrer tout d'abord ce théorème que: *la nouvelle classe de nombres (II) a une puissance différente de celle de la première classe de nombres (I).*

Ce théorème résulte du suivant:

»*Soit* $\alpha_1, \alpha_2, \ldots\ldots, \alpha_\nu, \ldots\ldots$ *un système quelconque de la première puissance, de divers nombres de la deuxième classe de nombres (en sorte que nous sommes autorisés à les mettre sous la forme de série simple* (α_ν)*), ou il y a un de ces nombres qui est plus grand que tous les autres, soit* γ*; ou bien, si ce n'est pas le cas, il y a un nombre déterminé* β *de la deuxième classe (II) qui ne se rencontre pas parmi les nombres* α_ν*, en sorte que* β *est plus grand que tous les* α_ν *et que par contre tout nombre entier* $\beta' < \beta$ *est inférieur en grandeur à certains nombres de la série* (α_ν)*; on peut appeler le nombre* γ *ou* β *la limite supérieure du système* (α_ν)*.*»

La démonstration de ce théorème est fort simple: soit $\alpha_{\varkappa_2}$ dans la série (α_ν) le premier nombre plus grand que α_1, $\alpha_{\varkappa_3}$ le premier plus grand que $\alpha_{\varkappa_2}$, etc.

On a alors:

$$1 < \varkappa_2 < \varkappa_3 < \varkappa_4 < \ldots\ldots$$

$$\alpha_1 < \alpha_{\varkappa_2} < \alpha_{\varkappa_3} < \alpha_{\varkappa_4} < \ldots\ldots$$

et $\alpha_\nu < \alpha_{\varkappa_\lambda}$, dès que $\nu < \varkappa_\lambda$.

Il peut se faire maintenant que, à partir d'un certain nombre $\alpha_{\varkappa_\rho}$ tous les nombres qui le suivent dans la série (α_ν) soient plus petits que lui; ce nombre est alors évidemment le plus grand de tous et nous avons: $\gamma = \alpha_{\varkappa_\rho}$. Sinon, qu'on imagine le système de tous les nombres entiers plus petits que α_1, à partir de 1, qu'on ajoute immédiatement à ce système celui de tous les nombres entiers $\geqq \alpha_1$ et $< \alpha_{\varkappa_2}$, puis celui de tous les nombres $\geqq \alpha_{\varkappa_2}$ et $< \alpha_{\varkappa_3}$, et ainsi de suite; on obtiendra alors une portion déterminée de nombres successifs de nos deux premières classes de nombres; ce système de nombres est évidemment de la première puissance et par conséquent il existe (d'après la définition de (II)) un nombre déterminé β de l'ensemble (II), qui est immédiatement plus grand que ces nombres. On a donc $\beta > \alpha_{\varkappa_\lambda}$ et par conséquent aussi: $\beta > \alpha_\nu$ parce qu'on peut toujours prendre $\varkappa_\lambda$ assez grand pour dépasser un ν donné et qu'alors $\alpha_\nu < \alpha_{\varkappa_\lambda}$.

On voit d'autre part que tout nombre $\beta' < \beta$ est inférieur en grandeur à certains nombres $\alpha_{\varkappa_\nu}$; et ainsi se trouvent démontrées toutes les parties du théorème.

De là résulte que *l'ensemble de tous les nombres de la deuxième classe de nombres (II) n'a pas la même puissance que (I);* car autrement nous pourrions concevoir tout l'ensemble (II) sous la forme d'une série simple:

$$\alpha_1, \alpha_2, \ldots\ldots \alpha_\nu, \ldots\ldots$$

qui aurait, d'après le théorème que nous venons de démontrer, un membre maximum γ ou dont tous les membres α_ν seraient inférieurs en grandeurs à un certain nombre β de (II); dans le premier cas le nombre $\gamma + 1$ qui appartient à la classe (II), dans le second cas le nombre β bien qu'appartenant à la classe (II), ne se trouveraient pas dans la série (α_ν), ce qui est en contradiction avec l'hypothèse de l'identité des systèmes (II) et (α_ν); par conséquent la classe de nombres (II) a une *autre puissance que la classe de nombres (I).*

Quant au fait, que la seconde des deux puissances des classes de nombres (I) et (II) suit immédiatement la première, c. à d. qu'entre les deux puissances il n'y en a pas d'autre; c'est une conséquence d'un théorème que je vais formuler et démontrer immédiatement.

Cependant, jetons d'abord un regard en arrière et rappelons-nous les moyens par lesquels nous sommes arrivés soit au développement de la notion de nombre entier réel, soit à une nouvelle puissance de systèmes bien définis, distincte de la première; il y avait *trois moments logiques* importants et qu'il faut bien distinguer l'un de l'autre. Ce sont les *deux principes de formation* définis plus haut, et *un principe d'arrêt ou de limitation* qui s'ajoute aux premiers et qui consiste en *ce qu'on ne peut entreprendre, à l'aide d'un des deux autres principes, la formation d'un nouveau nombre entier qu'à une condition nécessaire: c'est que l'ensemble de tous les nombres précédents ait la même puissance qu'une classe de nombres dont on a déjà défini toute l'étendue.* Par cette méthode, en observant ces trois principes, *on peut arriver toujours à de nouvelles classes de nombres et, avec elles, à toutes les puissances diverses, successivement croissantes que l'on rencontre dans la nature matérielle ou immatérielle;* les nouveaux nombres ainsi obtenus ont alors toujours la même précision concrète et la même réalité objective que les précédents; je ne sais donc pas, en vérité, ce qui pourrait nous empêcher de nous servir de ce moyen de formation de nouveaux nombres, quand on voit, que, pour le progrès des sciences, il est indispensable d'introduire une nouvelle classe de nombres.

§ 13.

J'arrive maintenant, pour tenir ma promesse, à démontrer que les puissances de (I) et de (II) se suivent immédiatement, en sorte qu'il n'y en a *pas d'autre entre ces deux.*

Si, d'après une loi quelconque, on choisit dans l'ensemble (II) un système (α') de divers nombres α', c. à d. si on conçoit un système quelconque (α') contenu dans (II), ce système aura toujours des propriétés que l'on peut exprimer par les théorèmes suivants:

»*Parmi les nombres du système* (α') *il y en a toujours un plus petit que tous les autres.*»

»*Etant donné, en particulier, une suite de nombres de l'ensemble (II):* $\alpha_1, \alpha_2, \ldots\ldots, \alpha_\beta, \ldots\ldots$ *dont la grandeur va toujours en décroissant (en sorte que* $\alpha_\beta > \alpha_{\beta'}$, *si* $\beta' > \beta$), *cette série doit finir nécessairement, avec un nombre fini de membres et se termine par le plus petit des nombres; la série ne peut pas être infinie.*»

Il est remarquable que ce théorème, qui est d'une évidence immédiate quand les nombres α_β sont des nombres entiers finis, peut aussi se démontrer dans le cas de nombres infinis α_β. En fait, d'après le théorème précédent que l'on déduit facilement de *la définition de la série de nombres (II)*, parmi les nombres α_ν, à ne considérer que ceux où l'indice ν est fini, il y en a un plus petit que tous les autres; soit ce nombre $= \alpha_\rho$, il est évident, qu'à cause de $\alpha_\nu > \alpha_{\nu+1}$, la série α_ν et par conséquent aussi toute la série α_β doit être composée précisément de ρ membres, et par suite sera une série finie.

On arrive maintenant au théorème fondamental suivant:

»*(α') étant un système de nombres quelconque contenu dans l'ensemble (II), il ne peut se présenter que les trois cas suivants: ou bien (α') est un ensemble fini, c. à d. composé d'une quantité finie de nombres, ou bien (α') a la puissance de la première classe (I) ou enfin (α') a la puissance de la classe (II); il n'y a pas d'autre cas possible.*»

On peut simplement démontrer ce théorème de la manière suivante: soit Ω le premier nombre de la *troisième* classe de nombres (III): tous les nombres α' du système (α') sont alors plus petits que Ω parce que cette série est contenue dans (II).

Nous nous représentons maintenant les nombres α' *ordonnés d'après leur grandeur:* soit α_ω le plus petit de ces nombres, $\alpha_{\omega+1}$ *le nombre immédiatement supérieur, etc., on a la série (α') sous forme d'une série »bien ordonnée»* α_β, *où* β *parcourt les nombres de notre série naturelle de nombres développée, à partir de* ω; évidemment β reste inférieur ou égal à α_β et comme $\alpha_\beta < \Omega$, on a aussi $\beta < \Omega$. Le nombre β ne peut donc pas sortir de la classe de nombres (II), mais il reste dans les limites de cette classe; il ne peut donc se présenter que trois cas: ou bien β reste au-dessous d'un nombre assignable de la série $\omega + \nu$, alors (α') est un système fini; ou bien β prend toutes les valeurs de la série $\omega + \nu$, mais reste au-dessous d'un nombre *assignable* de la série (II), et alors (α') est évidemment un système de la première puissance; ou enfin β prend des valeurs aussi grandes qu'on voudra dans (II), alors β parcourt *tous les nombres de (II);* dans ce dernier cas l'ensemble (α_β) c. à d. le système (α') a *évidemment la même puissance que (II).*

c. q. f. d.

Comme conséquence immédiate du théorème que nous venons de démontrer, on a les suivants:

»*Etant donné un système quelconque bien défini M de la puissance de la classe de nombres (II), si on prend dans M un système partiel infini quelconque M', on peut concevoir l'ensemble M' sous forme d'une série simplement infinie, ou bien on peut faire correspondre réciproquement les deux systèmes M' et M à sens unique.*»

»*Etant donné un système bien défini quelconque M de la deuxième puissance, un système partiel M' pris dans M, et un système partiel M'' pris dans M', si on sait que le dernier système M'' peut être rapporté d'une manière réciproque, et à sens unique, au premier M, on peut toujours aussi faire correspondre le deuxième M', d'une manière réciproque et à sens unique, au premier, et par conséquent aussi au troisième.*»

J'énonce ici ce *dernier* théorème, à cause du rapport qu'il a avec ceux qui précèdent, en supposant que *M* a la *puissance de (II);* évidemment il est encore vrai quand *M* a la *puissance de (I);* mais ce qui me paraît très-*remarquable* et ce que je signale ici expressement, c'est que ce théorème est vrai d'une manière générale, quelle que soit la puissance du système *M*. J'y reviendrai plus au long dans un autre travail, et je ferai voir alors l'intérêt particulier qui se rattache à ce théorème général.

§ 2.

Un avantage considérable des nouveaux nombres consiste pour moi dans une notion nouvelle, qui ne s'était pas encore presentée jusqu'ici, celle *du nombre des éléments d'un ensemble infini bien ordonné;* comme cette notion est toujours exprimée par un nombre complètement déterminé de l'ensemble de nombres que nous avons développé, pourvu seulement que *l'ordre des éléments du sustème, tel que nous le définirons tout à l'heure, soit déterminé,* et comme d'autre part la notion de nombre d'éléments a une représentation objective immédiate, ce rapport entre le nombre des éléments d'un ensemble et le nombre démontre la *réalité* de ce dernier même dans les cas où il est infini et en même temps déterminé.

Par ensemble ou système bien ordonné il faut entendre tout système bien défini, où les éléments sont unis entre eux par une succession donnée et déterminée, d'après laquelle il y a *un premier élément* du système; chaque élément (pourvu qu'il ne soit pas le dernier dans la succession) est suivi immédiatement d'un autre déterminé, et à chaque système arbitraire d'éléments, fini ou infini appartient un élément *déterminé,* qui les suit *immédiatement* dans la succession (pourvu que dans l'ensemble il y a des éléments qui suivent tous les éléments du système partiel considéré). Pour éclaircir soit donné un ensemble (α_ν) de la première puissance; on peut en former de différentes manières des *ensembles bien ordonnés,* par ex. les suivants:

$$(\alpha_1, \alpha_2, \ldots\ldots, \alpha_\nu, \alpha_{\nu+1}, \ldots\ldots)$$

$$(\alpha_2, \alpha_3, \ldots\ldots, \alpha_\nu, \alpha_{\nu+1}, \ldots\ldots, \alpha_1)$$

$$(\alpha_3, \alpha_4, \ldots\ldots, \alpha_\nu, \alpha_{\nu+1}, \ldots\ldots, \alpha_1, \alpha_2)$$

$$(\alpha_1, \alpha_3, \ldots\ldots, \alpha_{2\nu-1}, \alpha_{2\nu+1}, \ldots\ldots, \alpha_2, \alpha_4, \ldots\ldots, \alpha_{2\nu-2}, \alpha_{2\nu}, \ldots\ldots)$$

etc. etc.

Deux »systèmes bien ordonnés» sont dits avoir *le même nombre* (par rapport aux successions auxquelles ils ont donné lieu), quand on peut établir entre eux *une correspondance réciproque à sens unique telle,* que, E et F étant deux éléments quelconques de l'un, E_1 et F_1 les éléments correspondants de l'autre, la position de E et F dans la succession du premier système s'accorde toujours avec la position de E_1 et F_1 dans la succession de la deuxième série, en sorte que, si E précède F dans la succession de la première série, E_1 précède aussi F_1 dans la succession de la deuxième série. Cette correspondance, si elle est possible, comme il est facile de le voir, est toujours *complètement déterminée,* et comme dans la série des nombres développée il y a toujours un nombre α, et un seul, tel que ceux qui le précèdent (à partir de 1) aient dans la succession naturelle le même nombre, on est obligé d'égaler directement à α le nombre de ces deux systèmes »bien ordonnés», quand α est un nombre infiniment grand, et de l'égaler à $\alpha - 1$, qui précède immédiatement α, quand α est un nombre entier fini. Par exemple les trois ensembles bien ordonnés:

$$(\alpha_1, \alpha_2, \alpha_3, \alpha_4, \ldots\ldots, \alpha_\nu, \alpha_{\nu+1}, \ldots\ldots)$$

$$(\alpha_2, \alpha_1, \alpha_4, \alpha_3, \ldots\ldots, \alpha_{2\nu}, \alpha_{2\nu-1}, \ldots\ldots)$$

$$(1, 2, 3, \ldots\ldots, \nu, \ldots\ldots)$$

ayant le même nombre, celui-ci se trouve d'après notre définition égal à ω.

De même les nombres des ensembles bien ordonnés:

$$(\alpha_2, \alpha_3, \ldots\ldots, \alpha_\nu, \alpha_{\nu+1}, \ldots\ldots, \alpha_1)$$

$$(\alpha_3, \alpha_4, \ldots\ldots, \alpha_\nu, \alpha_{\nu+1}, \ldots\ldots, \alpha_1, \alpha_2)$$

$$(\alpha_1, \alpha_3, \ldots\ldots, \alpha_{2\nu-1}, \alpha_{2\nu+1}, \ldots\ldots, \alpha_2, \alpha_4, \ldots\ldots, \alpha_{2\nu-2}, \alpha_{2\nu}, \ldots\ldots)$$

se trouvent, d'après notre définition, être respectivement égals à $\omega + 1$, $\omega + 2$, 2ω.

La différence essentielle entre les systèmes finis et infinis, c'est qu'un système fini offre le même nombre d'éléments dans toutes les successions que l'on peut leur donner; au contraire un système composé d'un nombre infini d'éléments aura en général divers nombres, d'après la succession que l'on donnera à ses éléments. *La puissance d'un système est, comme nous l'avons vu, un attribut indépendant de l'ordre de ce système; mais le nombre du système nous apparaît comme un facteur dépendant, en général, d'une succession donnée des éléments, dès qu'on a à faire avec des systèmes infinis.* Cependant même dans les systèmes infinis *il y a encore un certain rapport* entre la *puissance* du système et le *nombre* de ses éléments, par rapport à une succession donnée.

Prenons d'abord un système ayant la puissance de la *première classe* et donnons aux éléments une succession déterminée quelconque, de manière à obtenir un système »bien ordonné», le nombre de ce système est toujours un nombre déterminé de la *deuxième* classe de nombres et ne peut jamais être déterminé par un nombre d'une autre classe que de la deuxième. D'autre part on peut disposer tout système de la première puissance dans un ordre de succession tel que le nombre de ce système, par rapport à cette succession, soit égal à un nombre de la deuxième classe, désigné d'avance arbitrairement. Nous pouvons encore exprimer ces théorèmes comme il suit: *tout système de la puissance de première puissance peut être dénombré par des nombres de la deuxième classe de nombres et par ces nombres seuls, et on peut toujours donner aux éléments du système un ordre de succession tel que le système lui-même dans cette succession est dénombré par un nombre de la deuxième classe de nombres donné à volonté, nombre qui exprime le nombre des éléments du système par rapport à cette succession.*

Les règles analogues s'appliquent aux systèmes de puissances plus élevées. *Ainsi tout système bien défini de la deuxième puissance peut être dénombré par des nombres de la troisième classe de nombres, et par ces nombres seuls, et on peut toujours donner aux éléments du système un ordre de succession tel, que le système lui-même dans cette succession est dénombré* (1) *par un nombre de la troisième classe de nombres donné à volonté, nombre qui détermine le nombre des éléments du système par rapport à cette succession.*

§ 3.

La notion du système bien ordonné nous apparaît comme fondamental pour toute la théorie des ensembles. Je reviendrai dans un autre travail sur cette loi fondamentale, ce me semble, très-importante par ses conséquences et remarquable surtout par sa généralité: *on peut toujours mettre tout système bien défini sous la forme d'un système bien ordonné.* Je me borne ici à démontrer comment, de la notion du système bien ordonné, on arrive de la manière la plus simple aux opérations fondamentales pour les nombres entiers, finis ou infinis déterminés, et comment les lois

(1) D'après la définition que nous venons de donner, ce que nous avons appelé, dans les premiers numéros de notre travail, systèmes dénombrables ne sont que des systèmes dénombrables *par* des nombres de la première classe (systèmes finis) ou *par* des nombres de la deuxième classe (systèmes de la première puissance).

de ces opérations se déduisent, avec une certitude évidente, de la considération intrinsèque immédiate. Soient d'abord deux systèmes bien ordonnés M et M_1, auxquels correspondent comme nombres les nombres α et β, $M + M_1$ sera un nouveau système bien ordonné; il y a donc aussi un nombre déterminé qui correspond comme nombre au système $M + M_1$ par rapport à l'ordre de succession que l'on obtient entre ses éléments; ce nombre s'appelle la somme de α et β et se désigne par $\alpha + \beta$; on voit immédiatement que, si α et β ne sont pas finis l'un et l'autre, $\alpha + \beta$ sera en général différent de $\beta + \alpha$. *La loi de commutation cesse donc d'être vraie d'une manière générale pour l'addition.* Et maintenant on arrive si simplement à la notion de la somme de plusieurs nombres donnés dans une suite déterminée, qui peut être elle-même une suite infinie déterminée, que je n'insisterai pas davantage sur ce point; je me contente donc de remarquer que la loi d'association se trouve généralement vraie. On a en particulier:

$$\alpha + (\beta + \gamma) = (\alpha + \beta) + \gamma.$$

Si on prend une succession, déterminée par un nombre β, de systèmes tous égaux et également ordonnés, dans chacun desquels le nombre des éléments est égal à α, on obtient un nouveau système bien ordonné dont le nombre donne la définition du produit $\beta\alpha$, où β est le multiplicateur, α le multiplicande; ici encore il se trouve que $\beta\alpha$ diffère généralement de $\alpha\beta$, et par conséquent *la loi de commutation n'est pas vraie non plus d'une manière générale pour la multiplication des nombres.* Par contre la loi d'association s'applique aussi à la multiplication d'une manière générale, en sorte qu'on a: $\alpha(\beta\gamma) = (\alpha\beta)\gamma$.

Parmi les nouveaux nombres, quelques-uns se distinguent des autres par la propriété de nombres premiers; cependant il faut caractériser cette propriété d'une manière un peu plus déterminée, en entendant par nombre premier un nombre α, pour lequel la décomposition $\alpha = \beta\gamma$, où β est multiplicateur, n'est possible que si $\beta = 1$ ou $\beta = \alpha$; par contre le multiplicande aura généralement aussi pour les nombres premiers α un certain champ d'indétermination, ce qui, d'après la nature des choses, ne peut pas se modifier. Néanmoins nous montrerons dans un autre travail que la décomposition d'un nombre en ses facteurs premiers peut toujours avoir lieu d'une manière essentiellement unique et déterminée même au point de vue de la suite des facteurs (tant que ces facteurs ne sont pas des nombres premiers finis se présentant à côté l'un de l'autre dans le produit). On obtient par là deux espèces de nombres premiers infinis déterminés, dont la première se rapproche des nombres premiers finis, tandis que les nombres premiers de la deuxième espèce ont un tout autre caractère.

Maintenant, à l'aide de ces nouvelles données, j'espère de donner bientôt une preuve rigoureuse du théorème relatif à ce que nous avons appelé les ensembles linéaires infinis, qui se trouve prononcé à la fin de notre travail: »Une contribution à la théorie des ensembles» (Journal de BORCHARDT, t. 84, p. 257).

Dans le dernier numéro (4) du présent travail (t. XXI, p. 54), j'ai obtenu relativement aux systèmes de points P, qui sont contenus dans un ensemble continu à n dimensions, un théorème que l'on peut énoncer comme il suit, en employant les nouvelles expressions définies plus haut:

»*P étant un système de points, dont le dérivé $P^{(\alpha)}$ s'annule d'une manière identique, où α est un nombre entier pris à volonté dans la première ou la seconde classe, le premier ensemble dérivé $P^{(1)}$ et par conséquent aussi P lui-même est un système de points de la première puissance.*»

Ce théorème peut se retourner de la manière suivante:

»*P étant un système de points dont le premier dérivé $P^{(1)}$ a la première puissance, il y a des nombres entiers α, appartenant à la première ou à la deuxième classe de nombres, pour lesquels $P^{(\alpha)}$ s'annule d'une manière identique, et parmi les nombres α qui offrent cette particularité, il y en a un plus petit que tous les autres.*»

Je publierai très-prochainement la démonstration de ce théorème. M. MITTAG-LEFFLER publiera ensuite un travail où il montrera comment en se fondant sur ce théorème on peut généraliser d'une manière remarquable le résultat de ses recherches et de celles de M. le Prof. WEIERSTRASS sur l'existence de fonctions analytiques à sens unique avec des positions singulières données.

§ 14.

Je vais maintenant considérer les nombres de la deuxième classe (II) et les opérations qu'on peut effectuer sur ces nombres, en me bornant à l'essentiel, et en réservant à plus tard des recherches plus profondes sur ce sujet.

J'ai défini d'une manière générale dans le § 3 les opérations de l'addition et de la multiplication et j'ai montré que pour les nombres entiers infinis, elles ne sont pas soumises en général à la loi de commutation, mais bien à la loi d'association; cela est donc vrai aussi en particulier pour les nombres de la deuxième classe de nombres. Quant à la loi de distribution, elle est vraie sous la forme suivante:

$$(\alpha + \beta)\gamma = \alpha\gamma + \beta\gamma$$

(où $\alpha + \beta$, α, β paraissent comme multiplicateurs), comme on peut s'en convaincre immédiatement par la considération intrinsèque.

La soustraction peut être considérée à deux points de vue. Soient α et β deux nombres entiers quelconques, $\alpha < \beta$, on se convainc sans peine que l'équation: $\alpha + \xi = \beta$ admet toujours une solution et une seule, par rapport à ξ; si α et β sont des nombres de (II), ξ sera un nombre de (I) ou (II). Posons ce nombre ξ égal à $\beta - \alpha$.

Si au contraire on considère l'équation suivante:

$$\xi + \alpha = \beta$$

on voit que souvent elle n'est pas résoluble d'après ξ; ce cas, par exemple, se présente pour l'équation:

$$\xi + \omega = \omega + 1.$$

Mais même dans les cas où l'équation: $\xi + \alpha = \beta$ peut être résolue d'après ξ, il se trouve souvent qu'on peut y satisfaire par une quantité infinie de valeurs numériques de ξ; mais parmi ces solutions diverses il y en aura toujours une plus petite que toutes les autres.

Pour désigner cette plus petite racine de l'équation

$$\xi + \alpha = \beta,$$

quand elle est résoluble, choisissons le signe $\beta_{-\alpha}$ qui par conséquent diffère généralement de $\beta - \alpha$.

Si on a ensuite entre trois nombres β, α, γ, l'équation:

$$\beta = \gamma\alpha,$$

(où γ est multiplicateur), on se convainc sans peine que l'équation:

$$\beta = \xi\alpha$$

n'a pas d'autre solution, d'après ξ, que $\xi = \gamma$ et dans ce cas on désigne γ par $\frac{\beta}{\alpha}$.

On trouve au contraire que l'équation:

$$\beta = \alpha\xi$$

(où ξ est multiplicande), si elle est résoluble d'après ξ, a généralement plusieurs racines et en a même un nombre infini; mais il y en a toujours une plus petite que toutes les autres; cette racine minima satisfaisant à l'équation: $\beta = \alpha\xi$, quand cette équation est résoluble, peut se désigner par:

$$\frac{\beta}{\alpha}.$$

Les nombres α de la deuxième classe de nombres sont de deux espèces: 1° les α précédés immédiatement dans la série par un autre nombre qui est alors α_{-1}; je les appelle nombres de la première espèce; 2° les α qui ne sont pas précédés immédiatement, dans la série, par un autre membre, pour lesquels par conséquent il n'y a pas de α_{-1}, et que j'appelle de la deuxième espèce. Les nombres ω, 2ω, $\omega^\nu + \omega$, ω^ω sont par exemple de la deuxième espèce, au contraire $\omega + 1$, $\omega^2 + \omega + 2$, $\omega^\omega + 3$ sont de la première.

De même les nombres premiers de la deuxième classe de nombres, que j'ai définis d'une manière générale au § 3, se divisent aussi en nombres de la deuxième et en nombres de la première espèce.

Les nombres premiers de la deuxième espèce sont, suivant l'ordre où ils se présentent dans la classe de nombres (II):

$$\omega,\ \omega^\omega,\ \omega^{\omega^2},\ \omega^{\omega^3},\ \ldots\ldots,$$

en sorte que parmi tous les nombres de la forme:

$$\varphi = \nu_0\omega^\mu + \nu_1\omega^{\mu-1} + \ldots\ldots + \nu_{\mu-1}\omega + \nu_\mu$$

il n'y a qu'un nombre premier, savoir ω, de la deuxième espèce; mais qu'on ne conclue pas, de cette rareté relative des nombres premiers de la deuxième espèce, que l'ensemble de tous ces nombres a une puissance moindre que la classe de nombres (II) elle-même; il se trouve que cet ensemble a la même puissance que (II).

Les nombres premiers de la première espèce sont tout d'abord:

$$\omega + 1,\ \omega^2 + 1,\ \ldots\ldots,\ \omega^\mu + 1,\ \ldots\ldots$$

Ce sont les seuls nombres premiers de la première espèce que l'on rencontre parmi les nombres que nous venons de désigner par φ; l'ensemble de tous les nombres premiers de la première espèce dans (II) a aussi la puissance de (II).

Les nombres premiers de la deuxième espèce ont une propriété qui leur donne un caractère tout à fait à part; soit η un de ces nombres premiers (de la deuxième espèce), on a toujours $\eta\alpha = \eta$, si α est un nombre quelconque plus petit que η; de là résulte que, si α et β sont deux nombres quelconques, tous deux plus petits que η, le produit $\alpha\beta$ est toujours aussi plus petit que η.

En nous bornant d'abord ici aux nombres de la deuxième classe, qui ont la forme φ, nous trouvons pour ces nombres les règles d'addition et de multiplication qui suivent.

Soit:

$$\varphi = \nu_0\omega^\mu + \nu_1\omega^{\mu-1} + \ldots\ldots + \nu_\mu$$

$$\psi = \rho_0\omega^\lambda + \rho_1\omega^{\lambda-1} + \ldots\ldots + \rho_\lambda,$$

où nous supposons ν_0 et ρ_0 autres que zéro.

Addition.

1° Soit $\mu < \lambda$, on a:

$$\varphi + \psi = \psi.$$

2° Soit $\mu > \lambda$, on a:

$$\varphi + \psi = \nu_0\omega^\mu + \ldots\ldots + \nu_{\mu-\lambda-1}\omega^{\lambda+1} + (\nu_{\mu-\lambda} + \rho_0)\omega^\lambda + \rho_1\omega^{\lambda-1} + \\ + \rho_2\omega^{\lambda-2} + \ldots\ldots + \rho_\lambda.$$

3° Pour $\mu = \lambda$ on a:

$$\varphi + \psi = (\nu_0 + \rho_0)\omega^\lambda + \rho_1\omega^{\lambda-1} + \ldots\ldots + \rho_\lambda.$$

Multiplication.

1° Si ν_μ est autre que zéro, on a:

$$\varphi\psi = \nu_0\omega^{\mu+\lambda} + \nu_1\omega^{\mu+\lambda-1} + \ldots\ldots + \nu_{\mu-1}\omega^{\lambda+1} + \nu_\mu\rho_0\omega^\lambda + \rho_1\omega^{\lambda-1} + \ldots\ldots + \rho_\lambda.$$

Si $\lambda = 0$, le dernier membre à droite est: $\nu_\mu\rho_0$.

2° Si $\nu_\mu = 0$, on a:

$$\varphi\psi = \nu_0\omega^{\mu+\lambda} + \nu_1\omega^{\mu+\lambda-1} + \ldots\ldots + \nu_{\mu-1}\omega^{\lambda+1} = \varphi\omega^\lambda.$$

La décomposition d'un nombre φ en ses facteurs premiers se fait comme il suit.

Soit:

$$\varphi = c_0\omega^\mu + c_1\omega^{\mu_1} + c_2\omega^{\mu_2} + \ldots\ldots + c_\sigma\omega^{\mu_\sigma}$$

où $\mu > \mu_1 > \mu_2 > \ldots\ldots > \mu_\sigma$ et $c_0, c_1, \ldots\ldots c_\sigma$ sont des nombres finis positifs autres que zéro, on a:

$$\varphi = c_0(\omega^{\mu-\mu_1} + 1)c_1(\omega^{\mu_1-\mu_2} + 1)c_2 \ldots\ldots c_{\sigma-1}(\omega^{\mu_{\sigma-1}-\mu_\sigma} + 1)c_\sigma\omega^{\mu_\sigma};$$

si on se représente encore $c_0, c_1, \ldots\ldots c_{\sigma-1}c_\sigma$ décomposés en facteurs premiers d'après les règles de la première classe de nombres, on a alors la décomposition de φ en facteurs premiers; car les facteurs $\omega^\alpha + 1$ et ω sont eux-mêmes, comme on l'a remarqué plus haut, des nombres premiers. Cette décomposition de nombres de la forme φ en nombres premiers est déterminée, même en égard à la suite de série des facteurs, en faisant abstraction de la commutabilité des facteurs premiers dans les facteurs c et s'il est entendu que le dernier facteur doit être une puissance de ω ou égal à un et que ω ne peut être facteur qu'à la dernière place. Je reviendrai dans une autre circonstance sur la généralisation de cette décomposition en facteurs premiers, pour des nombres α pris à volonté dans la deuxième classe de nombres (II).

§ 10.

La notion du »continu» n'a pas seulement joué un rôle important dans le développement des sciences en général, elle a encore provoqué de grands partages d'opinion et, par suite, de vives discussions. Cela vient peut-être de ce que l'idée prise pour point de départ a été absolument différente chez les divers auteurs, parce qu'ils n'avaient pas la définition exacte et complète de la notion; mais peut-être aussi, et c'est ce qui me paraît le plus vraisemblable, les Grecs qui ont cherché les premiers à se rendre compte de cette idée du continu, ne l'ont pas conçue aussi claire et aussi complète qu'il aurait fallu pour empêcher les âges suivants de se partager comme il l'ont fait. Ainsi nous voyons que Leucippe, Démocrite et Aristote considèrent le continu comme un composé de parties divisibles à l'infini, tandis qu'Epicure et Lucrèce en font un composé de leurs atomes finis; de là, ensuite, une grande discussion entre les philosophes, les uns suivant Aristote, les autres Epicure; d'autres enfin, pour rester en dehors de cette discussion, établirent, avec S. Thomas d'Aquin, que le continu n'est pas composé d'un nombre fini ou infini de parties, mais qu'il n'a pas de parties du tout; cette dernière opinion me semble moins une explication que l'aveu tacite qu'on n'est pas arrivé au fond de la question et qu'il vaut mieux la laisser de côté. Nous trouvons ici l'origine de cette idée scolastique du moyen-âge, qui a encore aujourd'hui ses partisans, et d'après laquelle le continu est une idée indécomposable, ou, pour parler avec d'autres auteurs, une pure intuition a priori dont on peut à peine donner une notion déterminée; on regarde comme une tentative sans fondement et on rejette en conséquence tout essai de détermination de ce mystère par l'arithmétique.

Je suis bien loin de vouloir évoquer encore une fois ces discussions, et la place me manquerait dans le cadre étroit de mon travail pour les traiter d'une manière exacte; je me vois seulement obligé de développer ici, d'une manière aussi brève que possible et seulement au point de vue de la théorie mathématique des systèmes, cette notion du continu. Mais ce travail ne m'a pas été facile, parce que, parmi les mathématiciens dont j'invoque volontiers l'autorité, aucun ne s'est occupé du continu dans le sens où j'ai à le faire ici.

En prenant pour point de départ une ou plusieurs grandeurs réelles ou complexes continues (ou, pour parler, je crois, plus exactement, des systèmes continus de grandeurs), on s'est formé du mieux qu'on a pu la notion d'un continu dépendant, avec un seul ou plusieurs sens, de ces grandeurs, c'est à dire, qu'on est arrivé à la notion de fonction continue et ainsi s'est formée la théorie de ce qu'on a appelé les fonctions analytiques, comme aussi des fonctions plus générales avec leurs phénomènes les plus remarquables (comme l'impossibilité de la différentiation et d'autres semblables); mais le continu indépendant lui-même n'a été proposé par les mathématiciens que sous la forme la plus simple et n'a pas été l'objet de considérations plus profondes.

Je dois déclarer tout d'abord qu'à mon avis l'introduction de la notion de temps ou de l'idée de temps ne doit pas servir à expliquer la notion beaucoup plus primitive et plus générale du continu; le temps, à mon avis, est une idée qui suppose, pour être expliquée clairement, la notion de continuité, indépendante de celle du temps, et qui, même avec cette notion de continuité ne peut être conçue ni objectivement comme une substance, ni subjectivement comme une idée nécessaire a priori; cette idée de temps n'est qu'une idée auxiliaire et relative, servant à établir le rapport entre les divers mouvements qui ont lieu dans la nature et que nous percevons. Ainsi jamais il ne se présente dans la nature rien qui ressemble au temps objectif ou absolu et par conséquent on ne peut pas prendre le temps comme mesure du mouvement, mais au contraire on pourrait considérer le mouvement comme mesure du temps, si on n'en était empêché parce qu'on n'a rien gagné à considérer le temps comme une idée subjective nécessaire a priori.

Je suis de même convaincu qu'on ne peut pas commencer par l'idée intuitive de l'espace, pour arriver à des conclusions sur le continu, parce que l'espace et les figures qu'on y conçoit ne peuvent arriver qu'à l'aide d'un continu déjà formé d'une manière abstraite à devenir l'objet non plus seulement de considérations purement esthétiques, de spéculations philosophiques subtiles ou d'essais faits au hasard, mais de recherches mathématiques positives.

Il ne me reste donc plus qu'à chercher, au moyen des notions de nombres réels définis dans § 9, une idée purement arithmétique, et aussi générale que possible, d'un continu de points. Je prends nécessairement pour point de départ l'espace arithmétique plan à n dimensions G_n, c. à d. l'ensemble de tous les systèmes de valeurs:

$$(x_1 \mid x_2 \mid \ldots\ldots \mid x_n),$$

où chaque x peut avoir indépendamment des autres toutes les valeurs numériques réelles de $-\infty$ à $+\infty$. J'appellerai tout système de valeurs de ce genre un point arithmétique de G_n. La distance de deux de ces points est définie par l'expression:

$$+\sqrt{(x'_1 - x_1)^2 + (x'_2 - x_2)^2 + \ldots\ldots + (x'_n - x_n)^2}$$

et par un système de points arithmétiques P contenu dans G_n on entend tout ensemble donné de points de l'espace G_n. *L'examen aboutit donc à donner une définition exacte et aussi générale que possible, quand on peut appeler l'ensemble P un continu.*

J'ai démontré dans le Journal de Borchardt, t. 84, p. 242, que tous les espaces G_n, si grand que soit le nombre de dimensions n, ont la même puissance entre eux et par suite la même puissance que le continu linéaire, et la même que l'ensemble de tous les nombres réels de l'intervalle $(0 \ldots\ldots 1)$. La recherche et la fixation de la puissance de G_n se ramène donc à la même question, spécialisée à l'intervalle $(0 \ldots\ldots 1)$, et j'espère pouvoir bientôt y répondre en démontrant rigoureusement que la puissance cherchée n'est autre que celle de notre deuxième classe de nombres (II). De là résultera que tous les systèmes de points infinis P ont soit la puissance de la première classe de nombres (I) soit celle de la seconde (II). On pourra encore en tirer cette autre conséquence que l'ensemble de toutes les fonctions d'une ou de plusieurs variables pouvant être représentées sous forme de série donnée infinie quelconque, n'a de même que la puissance de la deuxième classe de nombres (II) et par conséquent peut être dénombré par des nombres de la troisième classe de nombres (III). Ce théorème se rapportera donc par exemple à l'ensemble de toutes les fonctions »analytiques» d'une ou de plusieurs variables, ou au système de toutes les fonctions d'une ou de plusieurs variables réelles que l'on peut représenter par des séries trigonométriques.

Pour arriver maintenant à la notion générale d'un continu donné dans G_n, je rappelle la notion de l'ensemble dérivé $P^{(1)}$ d'un ensemble de points P donné à volonté, telle qu'elle a été développée dans le mémoire (Ann. Math. t. V, puis t. XV, XVII, XX et XXI); elle conduit à la notion d'un dérivé $P^{(\gamma)}$, où γ peut être un nombre entier quelconque d'une des classes de nombres (I), (II), (III), etc.

On peut maintenant partager aussi les systèmes de points P en deux classes d'après la puissance de leur premier dérivé $P^{(1)}$. Si $P^{(1)}$ a la puissance de (I), on voit, comme je l'ai déjà dit dans le § 3 de ce mémoire, qu'il y a un premier nombre entier α de la première ou de la deuxième classe de nombres (II), pour lequel $P^{(\alpha)}$ disparait. Mais si $P^{(1)}$ n'a pas la première puissance, on peut toujours, et d'une seule manière, décomposer $P^{(1)}$ en deux systèmes R et S, en sorte que: $P^{(1)} = R + S$, où R et S sont de nature bien différente:

R est de la première puissance et dans des conditions telles qu'il y a toujours un premier nombre entier γ des classes de nombres (I) ou (II), pour lequel:

$$\mathfrak{D}(R, R^{(\gamma)}) = 0. \text{ [1]}$$

S au contraire est dans des conditions telles que l'emploi du procédé de dérivation n'y change absolument rien, en sorte que:

$$S \equiv S^{(1)}$$

et par conséquent aussi:

$$S \equiv S^{(\gamma)};$$

j'appelle ces systèmes S *ensembles parfaits de points*. Nous pouvons donc

---

([1]) Ce caractère général des ensembles R a été remarqué et démontré par M. Bendixson.

dire: *quand $P^{(1)}$ n'a pas la première puissance, $P^{(1)}$ se divise à sens unique en un ensemble parfait S et un ensemble R de la première puissance.*

Les systèmes de points parfaits S ne sont pas toujours ce que nous avons appelé *condensé dans toute l'étendue;* c'est pourquoi ils ne se prêtent pas encore à la définition complète d'un continu de points, quand même on est obligé d'accorder immédiatement que le continu doit être toujours un système parfait.

Au contraire il faut encore une notion pour la joindre à celle qui précède et définir le continu: c'est la notion d'un système de points T *bien enchaîné.*

Nous disons que T est un système de points bien enchaîné, quand pour deux points quelconques t et t' de ce système, avec un nombre donné ε aussi petit qu'on voudra, il y a toujours un nombre fini de points $t_1, t_2, \ldots . t_\nu$ de T, de plusieurs manières, en sorte que les distances $\overline{tt_1}$, $\overline{t_1t_2}$, $\overline{t_2t_3}$, $\ldots . \overline{t_\nu t'}$ soient toutes plus petites que ε.

Tous les continus de points géométriques que nous connaissons sont aussi compris, comme il est facile de le voir, sous cette notion du système de points bien enchaîné; mais je crois maintenant reconnaître aussi dans ces deux attributs »parfait» et »bien enchaîné» les caractères nécessaires et suffisants d'un continu de points et je définis par conséquent un continu de points dans G_n *un système parfaitement enchaîné. Ici »parfait» et »bien enchaîné» ne sont pas seulement des mots, mais des attributs du continu tout à fait généraux, caractérisés d'une manière abstraite, de la façon la plus précise, par les définitions précédentes.*

La définition que donne Bolzano du continu (Paradoxes, § 38) n'est certainement pas exacte; elle n'exprime qu'une seule propriété du continu, qui se trouve réalisée dans les ensembles obtenues en concevant comme éloignées de G_n un système de points »*isolé*» quelconque (cf. Ann. math. t. XXI, p. 51); elle se trouve de même réalisée dans des systèmes composés de plusieurs continus séparés; évidemment dans ces cas il n'y a pas de continu, comme le ferait croire la définition de Bolzano: nous trouvons donc ici une faute contre le principe: on dit qu'une chose fait partie de l'essence d'une autre, quand l'une ne peut exister sans l'autre et que la présence de l'une entraîne celle de l'autre, ou que l'une ne peut ni exister ni se concevoir sans l'autre, et vice versa.

Notes.

L'ensemble de toutes les fonctions continues, et même de toutes les fonctions, susceptibles d'être intégrées, d'une ou de plusieurs variables, ne pourrait avoir, comme il me semble, que la puissance de la deuxième classe de nombres (II); cependant si on laisse de côté toutes les restrictions et qu'on considère l'ensemble de toutes les fonctions continues et discontinues d'une ou de plusieurs variables, ce système aura la puissance de la troisième classe de nombres (III).

On peut démontrer pour les systèmes parfaits ce théorème: ils n'ont jamais la puissance de (I).

Comme exemple d'un système de points parfait, qui n'est pas condensé dans toute l'étendu d'un intervalle si petit qu'il soit, j'indique l'ensemble de tous les nombres réels contenus dans la formule:

$$z = \frac{c_1}{3} + \frac{c_2}{3^2} + \ldots\ldots + \frac{c_\nu}{3^\nu} + \ldots\ldots$$

où les coefficients c_ν peuvent prendre à volonté les deux valeurs 0 et 2 et où la série peut être composée d'un nombre fini ou infini de membres.

Il faut remarquer que la définition d'un continu donnée en haut est indépendante de toute considération sur ce qu'on appelle la dimension d'une figure continue; la définition en effet embrasse aussi les continus composés de parties bien enchaînées de différente dimension, comme des lignes, des surfaces, des solides, etc. Je sais bien que le mot »continu» n'a pas pris jusqu'à présent, dans les mathématiques, un sens bien arrêté; la définition que j'en donne sera donc trop étroite pour les uns, trop large pour les autres; j'espère avoir réussi à trouver le juste milieu.

D'après ma manière de concevoir les choses on ne peut entendre par continu qu'un ensemble parfait et bien enchaîné. D'après cela une étendue droite par exemple, à laquelle manque un des points-extrêmes, ou tous les deux, une surface circulaire sans limite ne sont pas des continus parfaits; j'appelle ces systèmes de points des semi-continus.

En général j'entends par semi-continu un système de points imparfait, bien enchaîné, appartenant à la seconde classe et constitué de telle sorte que deux quelconques de ses points peuvent être réunis par un continu parfait, qui est un élément constitutif du système de points. Tel est, p. ex., l'espace que j'ai désigné par A (Ann. math., t. XX, p. 119) et qui a été obtenu en éloignant de G_n un système de points quelconque de la première puissance.

Le dérivé d'un système de points bien enchaîné est toujours un continu, que le système de points bien enchaîné ait la première ou la deuxième puissance.

Si un système de points bien enchaîné est de la première puissance, je ne puis l'appeler ni un continu ni un semi-continu.

SUR DIVERS THÉORÈMES DE LA THÉORIE DES ENSEMBLES DE POINTS SITUÉS DANS UN ESPACE CONTINU A N DIMENSIONS.

PREMIÈRE COMMUNICATION.

Extrait d'une lettre adressée à l'éditeur

PAR

G. CANTOR.

. . . . M'étant proposé de vous communiquer les démonstrations de plusieurs théorèmes, que j'ai trouvés dans la théorie des ensembles, je vous prie de me permettre de commencer par les trois suivants, A, B et C dont j'ai fait mention dans le mémoire: »*Grundlagen einer allgemeinen Mannichfaltigkeitslehre*, Leipzig 1883».

Comme j'aurai à citer ce travail en divers endroits, je prendrai la liberté de le désigner par les lettres »*Gr*».

Théorème A. »Un ensemble de points P (situé dans un espace continu G_n à n dimensions) ayant la *première puissance* ne peut jamais être un ensemble *parfait*.»

Théorème B. »Le nombre α appartenant à la *première* ou à la *seconde* classe de nombres, soit P un ensemble de points tel, que son *ensemble dérivé* $P^{(\alpha)}$ d'ordre α s'évanouit, alors le *premier ensemble dérivé* $P^{(1)}$ de P et *l'ensemble* P lui même sont de la *première* puissance, sauf les cas où les ensembles P ou $P^{(1)}$ sont finis.»

Théorème C. »P étant un ensemble de points tel, que son premier ensemble *dérivé* $P^{(1)}$ est de la première puissance, il existe des nombres α de la *première* ou de la *seconde* classe de nombres tels, qu'on a identiquement:

$$P^{(\alpha)} \equiv 0,$$

et de tous ces nombres α il y a un qui en est le plus petit.»

Démonstration du théorème A.

D'après »*Gr.* § 10» j'appelle *ensemble parfait de points* un ensemble S tel, que son premier dérivé $S^{(1)}$ coïncide avec S lui même, en sorte que tout point s appartenant à S est un point-limite de S et qu'aussi tout point-limite s' de S est un point appartenant à S.

Soient maintenant

$$p_1, p_2, p_3, \ldots, p_\nu, \ldots$$

les points qui constituent l'ensemble P; nous pouvons les imaginer donnés en cette forme de série (p_ν), parce que P a d'après l'hypothèse, admise dans notre théorème, la *première puissance.*

Nous admettons que chaque point p_ν de P est un *point-limite* de P et nous voulons en conclure l'existence de *points-limites* de P qui n'appartiennent pas comme *points* à P; il en suivra que P ne peut pas être un ensemble parfait, car s'il en était ainsi, non seulement chaque *point* de P devrait être un *point-limite* de P, mais aussi chaque *point-limite* de P serait nécessairement un *point appartenant* à P.

Que l'on prenne p_1 pour centre d'un ensemble continu à $(n-1)$ dimensions, lieu des points de G_n qui ont la distance $\rho_1 = 1$ de p_1; nous nommerons un tel ensemble une sphère de rayon ρ_1 et nous la désignerons ici par K_1.

De tous les points de la suite (p_ν) qui suivent p_1 soit p_{i_2} le premier qui tombe dans *l'intérieur* de la sphère K_1 (et il y en a dans l'intérieur de K_1 un nombre infini, puisque le centre p_1 est, comme nous avons admis, un *point-limite* de P); nommons σ_1 la distance des points p_1 et p_{i_2} et prenons p_{i_2} comme centre d'une *seconde* sphère K_2, dont le rayon ρ_2 est déterminé par la condition d'être la plus petite des deux quantités:

$$\frac{1}{2}\sigma_1, \quad \frac{1}{2}(\rho_1 - \sigma_1).$$

La sphère K_2 est alors située toute entière à l'intérieur de K_1 et les points:

$$p_1, p_2, \ldots, p_{i_2-1}$$

de la série (p_ν) sont situés tous en dehors de la sphère K_2; le rayon ρ_2 de la dernière est, comme on voit, plus petit que $\frac{1}{2}$.

De même soit p_{i_3} le premier point de la suite (p_ν) de tous ceux, qui suivent p_{i_2} et qui tombent dans l'intérieur de la sphère K_2; il y en a un nombre infini, puisque p_{i_2} est supposé être point-limite de P; nous désignons la distance des points p_{i_2} et p_{i_3} par σ_2 et prenons p_{i_3} pour centre d'une troisième sphère K_3, dont le rayon ρ_3 est déterminé par la condition d'être la plus petite des deux quantités:

$$\frac{1}{2}\sigma_2; \qquad \frac{1}{2}(\rho_2 - \sigma_2);$$

la sphère K_3 est alors située tout entière à l'intérieur de K_2 et les points:

$$p_1, p_2, \ldots p_{i_3-1}$$

de la série (p_ν) sont situés tous en dehors de la sphère K_3; le rayon ρ_3 est évidemment plus petit que $\frac{1}{4}$.

On voit donc ici une *loi* d'après laquelle on peut former une suite infinie de sphères:

$$K_1, K_2, K_3, \ldots, K_\nu, \ldots$$

liée à une série déterminée de nombres entiers i_ν croissants avec leurs indices, de sorte que l'on a:

$$1 < i_2 < i_3 < \ldots$$

Chaque sphère K_ν est située toute entière à l'intérieur de la précédente $K_{\nu-1}$

Le centre p_{i_ν} de la sphère K_ν est défini par la condition qu'il est le premier point de la série (p_ν) de tous ceux qui suivent $p_{i_{\nu-1}}$ et qui sont situés à l'intérieur de la sphère $K_{\nu-1}$; le rayon ρ_ν de K_ν est défini par la condition d'être le plus petit des deux nombres:

$$\frac{1}{2}\sigma_{\nu-1} \quad \text{et} \quad \frac{1}{2}(\rho_{\nu-1} - \sigma_{\nu-1}),$$

en désignant par $\sigma_{\nu-1}$ la distance des points $p_{i_{\nu-1}}$ et p_{i_ν}.

Les points $p_1, p_2, \ldots p_{i_\nu-1}$ sont situés tous en dehors de la sphère K_ν; mais il y a un nombre infini de points de la série (p_ν), qui sont situés à l'intérieur de K_ν, puisque le centre p_{i_ν} est, comme nous l'avons admis, un point-limite de P. Comme on a évidemment

$$\rho_\nu < \frac{1}{2^{\nu-1}},$$

les rayons des sphères K_ν deviennent infiniment petits pour $\nu = \infty$, et puisque les sphères K_ν sont emboîtées de telle sorte que K_ν est située à l'intérieur de $K_{\nu-1}$, celle-ci à l'intérieur de $K_{\nu-2}$ etc., on en conclut d'après un principe connu l'existence d'un point t, dont s'approchent indéfiniment les centres p_{i_ν} en sorte que l'on a

$$\lim_{\nu=\infty} p_{i_\nu} \doteq t;$$

le point t est donc *point-limite* de P. Mais de plus on s'assure, que t n'est pas un *point* appartenant à P; car s'il l'était, on aurait $t = p_n$ pour une certaine valeur de l'indice n, équation *impossible,* puisque t est situé à l'intérieur de la sphère K_ν, quelque grand que soit ν, quand au contraire on peut prendre ν assez grand, savoir $\nu > n$, de sorte que p_n tombe en dehors de la sphère K_ν.

Donc nous avons démontré, que P ne peut pas être un *ensemble parfait.*

Démonstration du théorème B.

α étant un nombre donné quelconque de la *première* ou de la *seconde* classe de nombres, on a, quel que soit l'ensemble P, l'identité suivante:

$$(1) \qquad P^{(1)} \equiv \sum_{\alpha'} (P^{(\alpha')} - P^{(\alpha'+1)}) + P^{(\alpha)}$$

dans laquelle α' parcourt tous les nombres entiers positifs qui sont *inférieurs* à α. La vérité de cette identité (1) découle facilement de la notion générale de *l'ensemble dérivé $P^{(\alpha)}$ de l'ordre α.*

Lorsque α est un nombre tel, qu'il existe un autre α_{-1} qui précède α immédiatement, alors $P^{(\alpha)}$ est défini comme étant le *premier ensemble dérivé* de $P^{(\alpha_{-1})}$; mais lorsque α est un nombre tel (comme par exemple ω ou ω^ω ou $\omega^{\omega^\omega} + \omega^2$), qu'il n'a point de voisin qui le précède immédiatement, alors $P^{(\alpha)}$ est défini comme étant le plus grand commun diviseur de tous les ensembles dérivés $P^{(\alpha')}$, dont les ordres α' sont *inférieurs* à α.

D'après l'hypothèse admise dans notre théorème, $P^{(\alpha)}$ s'évanouit, on a donc ici:

$$P^{(1)} \equiv \sum_{\alpha'} (P^{(\alpha')} - P^{(\alpha'+1)}).$$

Le nombre des valeurs de α' est ou fini ou infini selon que α appartient à la *première* ou à la *seconde* classe de nombres; mais dans le dernier cas l'ensemble des valeurs de α' est de la *première* puissance (Cf. la définition de la seconde classe de nombres dans *Gr.* § 11).

Chaque terme

$$(P^{(\alpha')} - P^{(\alpha'+1)})$$

de notre somme est un ensemble de points appartenant à la catégorie de ceux que j'appelle *ensembles isolés* (voir Annales math. T. 21 pag. 51). Comme je l'ai démontré au même endroit, un ensemble *infini* et *isolé* est toujours de la *première puissance.* Donc le terme

$$(P^{(\alpha')} - P^{(\alpha'+1)})$$

de notre somme est un ensemble ou fini, ou de la *première puissance.* Par là on conclut facilement que $P^{(1)}$ est aussi de la *première puissance,* donc aussi P est de la première puissance, comme on le trouve démontré à l'endroit cité tout à l'heure.

Démonstration du théorème C.

En désignant par Ω le premier nombre de la *troisième* classe de nombres, on a, quel que soit l'ensemble P, l'identité suivante:

$$P^{(1)} \equiv \sum_{\alpha} (P^{(\alpha)} - P^{(\alpha+1)}) + P^{(\Omega)}, \tag{2}$$

où α parcourt tous les nombres entiers positifs de la *première* et de la *seconde* classe de nombres.

L'ensemble P est d'après l'hypothèse admise dans notre théorème tel, que son premier dérivé $P^{(1)}$ ait la *première puissance;* donc aussi les dérivés $P^{(\alpha)}$, qui sont tous des diviseurs de $P^{(1)}$, ont la même puissance, en tant qu'ils sont constitués par un nombre infini de points.

En nous appuyant maintenant sur le théorème A, démontré plus haut, nous concluons que la différence:

$$(P^{(\alpha)} - P^{(\alpha+1)})$$

ne peut pas s'annuler tant que $P^{(\alpha)}$ *n'est pas zéro.*

Si donc tous les dérivés $P^{(\alpha)}$ étaient *différents* de zéro, tous les termes $(P^{(\alpha)} - P^{(\alpha+1)})$ de notre somme à droite de l'équation (2) le seraient de même et comme l'ensemble de ces *termes* est de la *seconde* puissance (Cf. *Gr.* § 12), il s'ensuivrait à plus forte raison, que l'ensemble de points à droite de notre équation (2) serait d'une puissance *non inférieure* à la *seconde;* ce qui serait contraire à l'hypothèse, d'après laquelle l'ensemble $P^{(1)}$ à gauche de l'équation (2) est supposé de la *première* puissance. Donc les dérivés $P^{(\alpha)}$ ne peuvent pas être tous différents de zéro, il existe donc des nombres α de la *première* ou de la *seconde* classe de nombres tels que l'on a:

$$P^{(\alpha)} \equiv 0.$$

De ces nombres α il y en a un, qui est le plus petit, comme il est facile de le voir.

Dans le mémoire »*Gr.*» pag. 31, j'ai aussi indiqué une proposition se rapportant au cas où $P^{(1)}$ n'est pas de la première puissance, et qui, dans la forme où je l'ai exprimée, n'est pas tout à fait juste dans sa généralité. Comme je l'ai trouvé alors, il existe sans doute, une seule décomposition:

$$P^{(1)} = R + S,$$

où S est un ensemble parfait, mais R un ensemble de la *première* puissance. Si passant de là je dis que R est un ensemble réductible, ce n'est pas correct dans sa portée générale.

Monsieur Bendixson de Stockholm qui s'est occupé avec un succès distingué de l'examen de ma proposition, a trouvé que R est toujours tel que, pour un certain γ de la première ou de la seconde classe de nombres, on a l'équation:

$$\mathfrak{D}(R, R^{(\gamma)}) = 0.$$

Il résulte des communications que M. Bendixson a eu l'obligeance de me faire, qu'il a retrouvé d'une manière parfaitement indépendante mes développements d'alors concernant ce sujet, et qu'il les a complétés et rectifiés dans le sens indiqué. Sur ma demande, M. Bendixson a voulu bien rédiger ses recherches pour être publiées à la suite de cette communication.

Halle, le 22 Avril 1883.

DE LA PUISSANCE DES ENSEMBLES PARFAITS DE POINTS.

Extrait d'une lettre adressée à l'éditeur

PAR

G. CANTOR

À HALLE.

... Quant à mon théorème, qui exprime, que les ensembles *parfaits* de points ont tous la même puissance, savoir la puissance du *continu*, je prétends le démontrer, en me bornant d'abord aux ensembles parfaits linéaires, (¹) comme il suit. Soit S un ensemble parfait de points quelconque, *qui n'est condensé dans l'étendue d'aucun intervalle,* si petit qu'il soit; nous admettons, que S est contenu dans l'intervalle $(0 \ldots 1)$, dont les points extrêmes 0 et 1 appartiennent a S; il est évident que tous les autres cas, dans lesquels l'ensemble parfait n'est condensé dans l'étendue d'aucun intervalle, peuvent par projection être réduits à celui-ci.

Or, il existe d'après mes considérations dans Acta mathematica T. 2 pag. 378 un nombre infini d'intervalles distincts, tout à fait séparés l'un de l'autre, que nous nous représentons rangés suivant leur grandeurs,

---

(¹) M. I. BENDIXSON invité par M. CANTOR à essayer de prouver ce même théorème, en a communiqué une démonstration à la séance du séminaire de l'université de Stockholm, le 21 Novembre 1883. Cette démonstration, qui a été trouvée sans que l'auteur ait eu connaissance des recherches que M. CANTOR veut bien me permettre de publier ici, a été présentée à l'Académie royale des sciences de Stockholm, le 12 Décembre 1883. Elle se trouve dans Bihang till Svenska Vetenskapsakademiens Handlingar. La démonstration de M. BENDIXSON embrasse le cas d'un ensemble parfait de n dimensions.

L'éditeur.

de sorte que les intervalles plus petits viennent après les plus grands; nous les désignons, dans cet ordre, par:

(1) $$(a_1 \ldots b_1),\ (a_2 \ldots b_2),\ \ldots,\ (a_\nu \ldots b_\nu),\ \ldots;$$

ils sont par rapport à l'ensemble S tels que dans l'intérieur de chacun ne tombe aucun point de S, tandis que leurs points extrêmes a_ν et b_ν en concurrence avec les autres points-limites de l'ensemble de points $\{a_\nu, b_\nu\}$ appartiennent à S et le déterminent; nous désignons par g l'un quelconque de ces autres points-limites de $\{a_\nu, b_\nu\}$, par $\{g\}$ leur ensemble; nous avons:

(2) $$S \equiv \{a_\nu\} + \{b_\nu\} + \{g\}.$$

En outre la série (1) d'intervalles est telle que l'espace entre deux d'entre eux $(a_\nu \ldots b_\nu)$ et $(a_\mu \ldots b_\mu)$ en contient toujours une infinité d'autres et que de plus, $(a_\rho \ldots b_\rho)$ étant un quelconque de ces intervalles, il y en a d'autres de la même série (1) qui se rapprochent infiniment soit du point a_ρ, soit du point b_ρ; car a_ρ et b_ρ, comme appartenant comme *points* à l'ensemble parfait S, en sont aussi des *points-limites*.

Cela établi, je prends un ensemble de la première puissance quelconque:

(3) $$\varphi_1,\ \varphi_2,\ \ldots,\ \varphi_\nu,\ \ldots,$$

ensemble de points distincts et placés tous dans l'intervalle $(0 \ldots 1)$, *dans toute l'étendue duquel ils sont condensés;* seulement je suppose que ces points extrêmes 0 et 1 ne se trouvent pas entre les φ_ν.

Pour citer un exemple d'un ensemble tel qu'il nous le faut ici, je rappelle la forme de série, où j'ai mis l'ensemble de tous les nombres rationnels ≥ 0 et ≤ 1 dans Acta mathematica T. 2 pag. 319 et où pour notre but il faut supprimer seulement les deux premiers termes, qui y sont 0 et 1.

Mais je tiens à ce que la série (3) soit laissée dans toute sa généralité.

Voici maintenant ce que j'avance: *l'ensemble de points* $\{\varphi_\nu\}$ *et l'ensemble d'intervalles* $\{(a_\nu \ldots b_\nu)\}$ *peuvent être associés avec un sens unique l'un à l'autre de sorte que,* $(a_\nu \ldots b_\nu)$ *et* $(a_\mu \ldots b_\mu)$ *étant deux intervalles quelconques appartenant à la série* (1), *puis* φ_{k_ν} *et* φ_{k_μ} *étant les points correspondants de la série* (3), *on a toujours le nombre* φ_{k_ν} *plus petit ou plus grand que*

φ_{k_μ} *selon que dans le segment* (o ... 1) *l'intervalle* $(a_\nu \ldots b_\nu)$ *est placé avant l'intervalle* $(a_\mu \ldots b_\mu)$ *ou après lui.* (1)

Une telle correspondance des deux ensembles $\{\varphi_\nu\}$ et $\{(a_\nu \ldots b_\nu)\}$ se peut faire par exemple d'après la règle suivante:

Nous associons à l'intervalle $(a_1 \ldots b_1)$ le point φ_1, à l'intervalle $(a_2 \ldots b_2)$ le terme au plus petit indice de la série (3), nous le désignons par φ_{k_2}, qui a la même relation par rapport au plus ou moins avec φ_1, que l'intervalle $(a_2 \ldots b_2)$ avec $(a_1 \ldots b_1)$ par rapport à leur placement dans le segment (o ... 1); de plus nous associons à l'intervalle $(a_3 \ldots b_3)$ le terme au plus petit indice, qui a la même relation par rapport au plus ou moins avec φ_1 et avec φ_2, que l'intervalle $(a_3 \ldots b_3)$ avec les intervalles $(a_1 \ldots b_1)$ et $(a_2 \ldots b_2)$ respectivement par rapport à leur placement dans le segment (o ... 1).

Généralement nous associons à l'intervalle $(a_\nu \ldots b_\nu)$ le terme au plus petit indice de la série (3), nous le nommerons φ_{k_ν}, tel, qu'il a la même relation par rapport au plus ou moins avec tous les points $\varphi_1, \varphi_{k_2}, \ldots, \varphi_{k_{\nu-1}}$ dont il a été déjà disposé, que l'intervalle $(a_\nu \ldots b_\nu)$ avec les intervalles correspondants $(a_1 \ldots b_1), (a_2 \ldots b_2), \ldots, (a_{\nu-1} \ldots b_{\nu-1})$ par rapport à leur placement dans le segment (o ... 1).

J'avance, que d'après cette règle *les points* $\varphi_1, \varphi_2, \ldots, \varphi_\nu, \ldots$ *de la suite* (3) *seront successivement, quoique selon un ordre différent de la loi de la série* (3), *associés* **tous** *à des intervalles distincts de la série* (1); car à chaque relation par rapport au plus ou moins entre des points en nombre fini de la série (3) il se trouve plusieurs fois une rélation conforme par rapport à la place dans le segment (o ... 1) entre des intervalles en même nombre de la série (1); cela tient à ce que l'ensemble S est un ensemble parfait qui n'est condensé dans aucun intervalle, quelque petit qu'il soit.

Pour simplifier nous poserons:

$$\varphi_1 = \psi_1; \; \varphi_{k_2} = \psi_2; \; \ldots; \; \varphi_{k_\nu} = \psi_\nu; \; \ldots$$

Par conséquent la série suivante:

(4) $$\psi_1, \psi_2, \ldots, \psi_\nu, \ldots$$

(1) Il ne s'agit donc pas ici de la place ν et μ qu'occupent ces intervalles dans la série (1).

se compose absolument des mêmes éléments que la série (3); *les deux séries* (3) *et* (4) *ne diffèrent que par rapport à la succession de leurs termes.*

La série (4) de points ψ_ν a donc ce rapport remarquable avec la série (1) d'intervalles, que toutes les fois que ψ_ν est plus petit ou plus grand que ψ_μ, aussi a_ν et b_ν sont respectivement plus petits ou plus grands que a_μ et b_μ. Et je rappelle de nouveau que l'ensemble $\{\psi_\nu\}$, puisqu'il coïncide avec l'ensemble donné $\{\varphi_\nu\}$, à part la succession des termes, est condensé dans toute l'étendue du segment $(0 \ldots 1)$ et que les points extrêmes de celui-ci, 0 et 1, n'appartiennent pas à cet ensemble.

Les conséquences d'une telle association des deux ensembles $\{\psi_\nu\}$ et $\{(a_\nu \ldots b_\nu)\}$ sont maintenant, comme il est *facile* de le démontrer, les suivantes:

Si $(a_{\lambda_1} \ldots b_{\lambda_1}), (a_{\lambda_2} \ldots b_{\lambda_2}), \ldots, (a_{\lambda_\nu} \ldots b_{\lambda_\nu}), \ldots$ *est une série quelconque d'intervalles appartenants à la série* (1), *qui convergent infiniment soit vers le point* a_ρ, *soit vers le point* b_ρ, *alors la série correspondante de points* $\psi_{\lambda_1}, \psi_{\lambda_2}, \ldots, \psi_{\lambda_\nu}, \ldots$, *appartenants tous à la série* (4), *converge infiniment vers le point* ψ_ρ, *et réciproquement.*

Si $(a_{\lambda_1} \ldots b_{\lambda_1}), (a_{\lambda_2} \ldots b_{\lambda_2}), \ldots, (a_{\lambda_\nu} \ldots b_{\lambda_\nu}), \ldots$ *est une série quelconque de la même espèce, mais telle, que ses termes convergent infiniment vers un point* g *de l'ensemble* S *(voir la formule* (2) *et la signification de* g*), alors la série correspondante* $\psi_{\lambda_1}, \psi_{\lambda_2}, \ldots, \psi_{\lambda_\nu}, \ldots$ *à son tour converge infiniment vers un point déterminé du segment* $(0 \ldots 1)$, *qui ne coïncide avec aucun point de la série* (3) *ou* (4) *et qui de plus est entièrement déterminé par* g; *nous désignerons ce point correspondant à* g *par* h; *réciproquement soit* h *un point quelconque du segment* $(0 \ldots 1)$, *qui n'appartient pas à la série* (3) *ou* (4) *il détermine un point* g *de l'ensemble* S *différent des points* a_ν *et* b_ν; *en sorte que les deux nombres variables* g *et* h *sont des fonctions à sens unique l'une de l'autre et que les ensembles* $\{g\}$ *et* $\{h\}$ *par suite sont certainement de la même puissance.*

De là suit la démonstration du théorème en question.

Car nous avons d'après la formule (2):

$$S \equiv \{a_\nu\} + \{b_\nu\} + \{g\}.$$

Puis il est évident que:

$$(0 \ldots 1) \equiv \{\varphi_{2\nu}\} + \{\varphi_{2\nu-1}\} + \{h\}.$$

Mais comme on a les formules suivantes:

$$\{a_\nu\} \sim \{\varphi_{2\nu}\}; \ \{b_\nu\} \sim \{\varphi_{2\nu-1}\} \ \text{et} \ \{g\} \sim \{h\}$$

on conclut d'après le théorème (E) des Acta Mathematica T. 2 p. 318 la formule:

$$S \sim (0 \ldots 1)$$

c'est à dire l'ensemble parfait S a la même puissance que le segment continu $(0 \ldots 1)$; ce qui était à démontrer.

... Cette démonstration a l'avantage de nous dévoiler une grande classe remarquable de fonctions *continues* d'une variable réelle x, dont les propriétés donnent lieu à des recherches intéressantes, soit en les considérant d'après la définition, qui se rattache à notre développement, *soit en tâchant de les mettre sous la forme de séries trigonométriques, qui certainement leur sont conformes, parce que ces fonctions continues ne jouissent pas d'un nombre infini de maxima et minima.*

En effet nous pouvons établir dans l'intervalle $(0 \ldots 1)$ une fonction $\psi(x)$ satisfaisant aux conditions suivantes:

Lorsque x est compris dans l'un quelconque des intervalles $(a_\nu \ldots b_\nu)$ c'est à dire pour $a_\nu \leqq x \leqq b_\nu$ $\psi(x)$ est égale à ψ_ν; lorsque x reçoit une valeur g qui s'obtient comme limite d'une série d'intervalles $(a_{\lambda_1} \ldots b_{\lambda_1})$, $\ldots, (a_{\lambda_\nu} \ldots b_{\lambda_\nu}), \ldots$ alors on définit:

$$(5) \qquad \psi(g) = h = \lim_{\nu=\infty} \psi_{\lambda_\nu}.$$

Certe, la fonction $\psi(x)$, d'après ce que nous avons vu, *est une fonction continue, monotone*[1] *de la variable continue* x; *lorsque* x *croît de* 0 *à* 1, $\psi(x)$ *varie d'une manière continue sans diminuer de* 0 *à* 1; *son image*

---

[1] C'est une *expression* introduite par M. Ch. Neumann (voir *Ueber die nach Kreis-, Kugel- und Cylinder-functionen fortschreitenden Entwickelungen.* Leipzig 1881, p. 26).

géométrique se compose d'un ensemble scalariforme de segments droits, tous parallèles à l'axe des x et de certains points interposés, qui font, que cette courbe devient un continu. Un cas particulier de ces fonctions est déjà compris dans un exemple, que j'ai mentionné dans Acta mathematica T. 2, pag. 407. En posant:

$$z = \frac{c_1}{3} + \frac{c_2}{3^2} + \ldots + \frac{c_\rho}{3^\rho} + \ldots, \tag{6}$$

où les coefficients c_μ peuvent prendre à volonté les deux valeurs 0 et 2 et où la série peut être composée d'un nombre fini ou infini de membres, l'ensemble $\{z\}$ est un ensemble *parfait* S, situé dans l'intervalle $(0 \ldots 1)$, les points extrêmes 0 et 1 appartiennent à cet ensemble $\{z\}$; de plus l'ensemble $\{z\} = S$ est ici tel, qu'il n'est condensé dans l'étendue d'aucun intervalle, si petit qu'il soit; enfin on peut aussi s'assurer, que cet ensemble $S = \{z\}$ a une *grandeur* $\mathfrak{J}(S)$ (*notion* que j'expliquerai à l'instant) égale à zéro.

Ici les points, que nous avons désignés par b_ν résultent de la formule (6) pour z en prenant $c_\rho = 0$ à partir d'un certain ρ plus grand que 1, en sorte que tous les b_ν sont compris dans la formule:

$$b_\nu = \frac{c_1}{3} + \frac{c_2}{3^2} + \ldots + \frac{c_{\mu-1}}{3^{\mu-1}} + \frac{2}{3^\mu}. \tag{7}$$

Les points a_ν résultent de la même formule pour z, en prenant c_ρ à partir d'un certain ρ toujours égal à 2, en sorte qu'en vertu de l'équation:

$$1 = \frac{2}{3} + \frac{2}{3^2} + \frac{2}{3^3} + \ldots$$

on a, en prenant $c_\mu = 0$, $c_{\mu+1} = c_{\mu+2} = \ldots = 2$,

$$a_\nu = \frac{c_1}{3} + \frac{c_2}{3^2} + \ldots + \frac{c_{\mu-1}}{3^{\mu-1}} + \frac{1}{3^\mu}. \tag{8}$$

Joignons maintenant la variable z à une autre y, définie par la formule:

$$y = \frac{1}{2}\left(\frac{c_1}{2} + \frac{c_2}{2^2} + \ldots + \frac{c_\rho}{2^\rho} + \ldots\right) \tag{9}$$

dans laquelle nous convenons, que les coefficients c_p ont la même valeur que dans (6).

Par cette liaison y devient évidemment une fonction de z, que nous appellons $\phi(z)$. Remarquons maintenant que les deux valeurs de $\phi(z)$ pour $z = a_\nu$ et pour $z = b_\nu$ deviennent égales, savoir:

$$\phi(a_\nu) = \phi(b_\nu) = \frac{1}{2}\left(\frac{c_1}{2^1} + \frac{c_2}{2^2} + \ldots + \frac{c_{n-1}}{2^{n-1}} + \frac{2}{2^n}\right).$$

De là resulte une fonction continue et monotone $\phi(x)$ de la variable continue x, définie de la manière suivante:

Pour $a_\nu < x < b_\nu$ on pose: $\phi(x) = \phi(a_\nu) = \phi(b_\nu)$, et pour $x = z$ on a $\phi(x) = y = \phi(z)$.

M. L. Scheeffer à Berlin a observé, que cette fonction $\phi(x)$, ainsi que beaucoup d'autres, est en contradiction avec un théorème de M. Harnack (v. Math. Annalen Bd. 19, pag. 241, Lehrs. 5). En effet cette fonction $\phi(x)$ a sa dérivée $\phi'(x)$ égale a zéro pour toutes les valeurs de x, à l'exception de ceux, que nous avons nommées z; celles-ci constituent un ensemble parfait $\{z\}$, dont la grandeur $\mathfrak{J}(\{z\})$ est égale à zéro. Mais M. Scheeffer m'a aussi dit, qu'il pouvait remplacer ce théorème par un autre, qui serait exempt de doute; j'espère qu'il publiera bientôt dans les Acta ses recherches sur ce sujet aussi bien que sur diverses autres questions intéressantes, dont il s'occupe.

. . . Dans ce qui précède j'ai démontré, que tous les ensembles parfaits et linéaires de points, qui ne sont condensés dans aucune partie du segment, dans lequel ils sont placés, si petite qu'elle soit, sont de la même puissance que le continu linéaire.

Prenons maintenant un ensemble parfait et linéaire de points S *quelconque*, placé dans l'intervalle $(-\omega \ldots + \omega)$ je dis qu'également cet ensemble S a la puissance du continu $(0 \ldots 1)$.

En effet, comme nous avons déjà traité le cas, où l'ensemble S n'est condensé dans aucune partie continue du segment $(-\omega \ldots + \omega)$, prenons un intervalle quelconque $(c \dots d)$, dans l'intérieur duquel S soit condensé partout. Tous les points de $(c \dots d)$ appartiendront aussi à S, parce que S est un ensemble parfait.

L'ensemble de points $(c \dots d)$ est un système partiel de S et S un système partiel du segment $(-\omega \dots +\omega)$. Comme l'ensemble $(c \dots d)$ a la même puissance que l'ensemble $(-\omega \dots +\omega)$, on en conclut aussi, que S a la même puissance que $(-\omega \dots +\omega)$, c'est à dire la puissance de $(0 \dots 1)$; car on a le théorème général:

»*Étant donné un ensemble bien défini M d'une puissance quelconque, un ensemble partiel M' pris dans M et un ensemble partiel M'' pris dans M', si le dernier système M'' possède la même puissance que le premier M, l'ensemble moyen M' est aussi toujours de la même puissance que M et M''.*» (Voir Acta mathematica, T. 2, pag. 392).

Lorsqu'un ensemble P est tel, que son premier ensemble dérivé $P^{(1)}$ en est diviseur, je nomme P un *ensemble fermé.*

Chaque ensemble *fermé* P d'une puissance supérieure à la première se décompose, comme nous le savons, d'une seule manière en un ensemble R de la première puissance et en un ensemble parfait S. On en conclut au moyen des théorèmes obtenus, le suivant: »*Tous les ensembles fermés de points se divisent en deux classes, les uns sont de la première puissance, les autres ont la puissance du continu arithmétique.*» Dans une prochaine communication je montrerai que cette division en deux classes a aussi lieu pour les ensembles de points *non fermés.* Par là nous arriverons à l'aide des principes du § 13 de mon mémoire dans Acta mathematica T. 2, pag. 390, à la détermination de la *puissance* du *continu arithmétique,* en démontrant qu'elle coïncide avec celle de la *deuxième classe des nombres (II).*

... Il y a une *notion* de *volume* ou de *grandeur*, qui se rapporte à tout ensemble P, situé dans un espace plan G_n à n dimensions, que cet ensemble P soit continu ou non.

Dans le cas où P se réduit à un ensemble continu à n dimensions, ou à un système de tels ensembles, cette notion se confond avec la notion ordinaire de volume.

Lorsque P est un continu à un nombre de dimensions plus petit que n la valeur du volume devient zéro; la même chose arrive lorsque P est tel que $P^{(1)}$ a la première puissance et encore dans divers autres cas. Mais ce qui, au premier moment, paraîtra peut être étonnant, c'est que ce volume, je le désigne par $\mathfrak{J}(P)$, a quelquefois une valeur différente de zéro pour des ensembles P contenus dans G_n de l'espèce de ceux, qui ne sont condensés dans aucune partie continue à n dimensions de G_n, si petite qu'elle soit.

J'arrive à cette notion générale de *volume* ou de *grandeur* $\mathfrak{J}(P)$ d'un ensemble *quelconque* P contenu dans G_n en prenant *chaque* point p, qui appartient à P ou à $P^{(1)}$, pour centre d'une sphère pleine à n dimensions au rayon ρ, que nous appellerons $K(p, \rho)$. Le plus petit multiple de tous ces sphères pleines $K(p, \rho)$ (voir la définition du plus petit multiple, Acta mathematica T. 2, pag. 357) savoir:

$$\mathfrak{M}[K(p, \rho)],$$

(où ρ est une constante) constitue pour chaque valeur de ρ un ensemble qui se compose de pièces continues à n dimensions et dont le volume se détermine d'après les règles connues au moyen d'une intégrale n-tiple.

Soit $f(\rho)$ la valeur de cette intégrale; $f(\rho)$ est une fonction continue de ρ, qui diminue avec ρ; la limite de $f(\rho)$, lorsque ρ converge vers zéro, me sert de définition du volume $\mathfrak{J}(P)$; en sorte, que nous avons:

$$(10) \qquad \mathfrak{J}(P) = \lim_{\rho=0} f(\rho).$$

Je fais remarquer expressément que cette valeur du *volume* ou de la *grandeur* d'un ensemble quelconque P contenu dans un espace continu plan G_n à n dimensions est absolument dépendante de l'espace plan G_n même, duquel P est considéré comme une partie composante, et particulièrement du nombre n; de sorte que, si l'on considère *le même ensemble* P comme une partie constituante d'un autre espace continu plan H_m la valeur du volume de P par rapport à l'espace H_m est en général différente de celle, qui se rapporte au même ensemble P, considéré comme partie constitutive de G_n.

Un carré p. e. dont le côté est égal à l'unité, a sa *grandeur* égale à zéro lorsqu'il est considéré comme partie constituante de l'espace à trois dimensions, mais il a la grandeur égale à 1, lorsqu'on le regarde comme partie d'un plan à deux dimensions. Cette notion générale de *volume* ou de *grandeur* m'est indispensable dans les recherches sur les *dimensions* des *ensembles continus,* que j'ai promises dans Acta mathematica T. 2, pag. 407 et que je vous enverrai plus tard pour votre journal.

En nous bornant ici aux ensembles *linéaires* de points, compris dans l'intervalle $(0 \ldots 1)$, le *volume* ou la *grandeur* d'un tel ensemble P se détermine facilement en suivant la méthode exposée dans Acta mathematica T. 2, pag. 378, où nous avons considéré des intervalles, désignés par $(c_\nu \ldots d_\nu)$ et liés d'après une loi manifeste à P et $P^{(1)}$ ou, comme je l'ai exprimé là, à $\mathfrak{M}(P, P^{(1)})$. Nous y avons posé:

$$\Sigma\,(d_\nu - c_\nu) = \sigma$$

où σ est une quantité déterminée positive ≤ 1. Or dans notre cas on se convaincra facilement, que l'on a:

$$\mathfrak{J}(P) = 1 - \sigma. \tag{11}$$

... Les ensembles linéaires parfaits de points S, qui ne sont condensés dans aucun intervalle, si petit qu'il soit, ont en général une grandeur $\mathfrak{J}(S)$ différente de zéro, mais il peuvent aussi avoir une grandeur $\mathfrak{J}(S)$ égale à zéro.

Quant à ceux, pour lesquels $\mathfrak{J}(S)$ est différent de zéro, ils peuvent être réduits par composition (addition) et à ceux pour lesquels $\mathfrak{J}(S) = 0$ et à de tels ensembles parfaits, qui non seulement sont d'une grandeur différente de zéro, mais dont toutes les parties *parfaites,* que l'on obtient en se bornant à des intervalles partiels de $(0 \ldots 1)$, ont *à leur tour* une grandeur différente de zéro.

Pour *cette dernière classe* d'ensembles parfaits linéaires il y a une démonstration très simple du théorème démontré plus haut, que leur puissance est celle du continu.

En effet prenons un tel ensemble parfait S dans l'intervalle $(0 \ldots 1)$ et supposons que les points extrêmes 0 et 1 appartiennent à S; nous établissons d'abord la série (1) d'intervalles $(a_\nu \ldots b_\nu)$, appartenant dans le sens expliqué à l'ensemble parfait S.

Soit x une grandeur quelconque > 0 et $\leqq 1$, nous désignons par S_x l'ensemble, qui est constitué par tous les points de S, qui sont situés dans l'intervalle $(0 \ldots x)$ et définissons une fonction $\varphi(x)$ par les conditions suivantes:

$$\varphi(0) = 0, \quad \varphi(x) = \mathfrak{I}(S_x) \qquad \text{pour } x > 0 \text{ et } \leqq 1.$$

Cette fonction $\varphi(x)$ est, comme on le voit sans peine, continue et monotone dans l'intervalle $(0 \ldots 1)$; pour la valeur $x = 1$ elle prend la valeur $\varphi(1) = \mathfrak{I}(S) = c$, différente de zéro d'après l'hypothèse faite par rapport à S. De plus, dans chacun des intervalles $(a_\nu \ldots b_\nu)$, c'est à dire pour $a_\nu \leqq x \leqq b_\nu$ elle conserve une valeur constante $\varphi(x) = \varphi(a_\nu) = \varphi(b_\nu)$; lorsque x est plus petit que a_ν on a toujours $\varphi(x) < \varphi(a_\nu)$, lorsque x est plus grand que b_ν on a $\varphi(x) > \varphi(b_\nu)$; *cela tient à ce* que nous avons supposé un ensemble S tel que tout ensemble partiel parfait, que l'on obtient en se bornant à des intervalles partiels de $(0 \ldots 1)$ est à son tour d'une *grandeur* différente de zéro.

La fonction continue $\varphi(x)$ prend toutes les valeurs entre 0 et c; elle prend chaque valeur entre celles qui sont égales à $\varphi(a_\nu) = \varphi(b_\nu)$ un nombre infini de fois, savoir pour tous les x, qui sont $\leqq a_\nu$ et $\leqq b_\nu$; mais elle ne prend *qu'une seule* fois chaque valeur h de l'intervalle $(0 \ldots c)$, qui est différente des valeurs $\varphi(a_\nu) = \varphi(b_\nu)$, pour une valeur *distincte* g de x, où g diffère de toutes les valeurs appartenant aux intervalles $(a_\nu \ldots b_\nu)$, soit des valeurs extrêmes a_ν et b_ν soit des intermédiares.

Et puisque à chacune de ces valeurs g de x il appartient une certaine valeur $h = \varphi(g)$, différente des valeurs $\varphi(a_\nu) = \varphi(b_\nu)$, et vice versa, on a comme dans notre première démonstration:

$$\{g\} \sim \{h\}$$

d'où l'on conclut comme plus haut, que la puissance de S est celle du continu $(0 \ldots c)$.

... Après avoir obtenu ces résultats je suis revenu à mes recherches sur les séries trigonométriques, que j'ai publiées il y a maintenant treize ans et que j'avais laissées de côté depuis longtemps; non seulement je suis parvenu à démontrer, que le théorème Acta mathematica T. 2 pag. 348 reste juste, lorsque le système de points, que j'y ai désigné par P, est tel, que son ensemble dérivé $P^{(1)}$ a la première puissance, mais je possède maintenant même quelques résultats pour le cas ou $P^{(1)}$ est d'une puissance plus grande que la première; je vous les enverrai une autre fois.

Halle, 15 Novembre 1883.

SUR LES FONDEMENTS

DE LA

THÉORIE DES ENSEMBLES TRANSFINIS

Par G. CANTOR, à Halle-a-S.

(Traduction de F. MAROTTE.)

1er ARTICLE (1)

Hypotheses non fingo.
Neque enim leges intellectui aut rebus damus ad arbitrium nostrum, sed tanquam scribae fideles ab ipsius naturae voce latas et prolatas excipimus et describimus.
Veniet tempus, quo ista quae nunc latent, in lucem dies extrahat et longioris aevi diligentia.

§ 1. — *La notion de puissance ou le nombre cardinal.*

Nous appelons « ensemble » toute réunion M d'objets de notre conception m, déterminés et bien distincts, et que nous nommerons « éléments » de M. Nous écrirons ainsi

$$M = \{m\}. \tag{1}$$

La réunion de plusieurs ensembles M, N, P, ..., qui n'ont aucun élément commun, donne un ensemble qui sera représenté par

$$(M, N, P, \ldots). \tag{2}$$

Les éléments du nouvel ensemble sont ainsi les éléments de M, de N, de P, etc., considérés comme formant un seul tout.

---

(1) Publié dans les *Mathematische Annalen*, Bd XLVI, p. 481-512.

Nous dirons qu'un ensemble M_1 est une « partie » de l'ensemble M, si les éléments de M_1 sont aussi des éléments de M.

Si M_2 est une partie de M_1, M_1 une partie de M, M_2 est aussi une partie de M.

A tout ensemble M correspond une « puissance » bien déterminée que nous appelons aussi son « nombre cardinal ».

Nous appelons « puissance » ou « nombre cardinal » de M, *la notion générale que nous déduisons de* M *à l'aide de notre faculté de penser, en faisant abstraction de la nature des différents éléments m et de leur ordre.*

Nous représentons par

$$(3) \qquad \overline{\overline{M}}$$

le nombre cardinal ou puissance de M, résultat de ces deux abstractions.

Chaque élément isolé m, abstraction faite de sa nature, est une « unité »; le nombre cardinal $\overline{\overline{M}}$ est donc lui-même un ensemble déterminé d'unités qui se présente comme l'image ou la projection de l'ensemble M dans notre esprit.

Nous disons que deux ensembles M *et* N *sont « équivalents » et nous écrivons*

$$(4) \qquad M \sim N \quad \text{ou} \quad N \sim M$$

lorsqu'il est possible de les associer, de telle sorte qu'à chaque élément de l'un d'eux corresponde un et un seul élément de l'autre.

A chaque partie M_1 de M correspond alors une partie déterminée équivalente N_1 de N, et réciproquement.

Si l'on a trouvé une telle loi d'association pour deux ensembles équivalents, on peut (sauf le cas où ceux-ci ne comprendraient qu'un seul élément) en trouver plusieurs autres. Notamment, on peut toujours faire en sorte qu'à un élément déterminé m_0 de M, corresponde un élément déterminé n_0 de N. Car, si la loi d'association primitive ne faisait pas correspondre m_0 et n_0, c'est qu'à l'élément m_0 de M correspondrait l'élément n_1 de N, tandis qu'à l'élément n_0 de N correspondrait l'élément m_1 de M; il suffit donc de modifier la loi d'association de façon que m_0 et n_0 et de même m_1 et n_1 deviennent des éléments correspondants des deux ensembles, et cela sans modifier la correspondance des autres éléments. Nous avons alors atteint notre but.

Un ensemble est équivalent à lui-même

(5) $$M \sim M.$$

Si deux ensembles sont équivalents à un troisième, ils sont équivalents entre eux.

(6) De $M \sim P$ et $N \sim P$ il résulte $M \sim N$.

Il est d'importance capitale que *deux ensembles* M *et* N *ont alors et seulement alors le même nambre cardinal lorsqu'ils sont équivalents.*

(7) De $M \sim N$ résulte $\overline{\overline{M}} = \overline{\overline{N}}$

et

(8) De $\overline{\overline{M}} = \overline{\overline{N}}$ résulte $M \sim N$.

L'équivalence de deux ensembles est aussi la condition nécessaire et suffisante de l'égalité de leurs nombres cardinaux.

En effet, d'après la définition de la puissance donnée plus haut, le nombre cardinal $\overline{\overline{M}}$ reste inaltéré lorsqu'on substitue d'autres objets à un, à plusieurs ou à tous les éléments de M.

Or, si l'on a $M \sim N$, il y a une loi d'association qui réalise une correspondance biuniforme de M et N et fait correspondre à l'élément m de M l'élément n de N. Nous pouvons donc substituer à chaque élément m de M l'élément correspondant n de N et par cette opération transformer M en N sans changer le nombre cardinal. Donc

$$\overline{\overline{M}} = \overline{\overline{N}}.$$

La réciproque de ce théorème résulte de la remarque

qu'entre les éléments de M et les diverses unités de son nombre cardinal $\overline{\overline{M}}$ existe une correspondance biuniforme. Car, comme nous l'avons vu, $\overline{\overline{M}}$ résulte de M en ce sens que chaque élément de M devient une unité de $\overline{\overline{M}}$. Nous pouvons donc dire que

$$M \sim \overline{\overline{M}}.$$

De même $N \sim \overline{\overline{N}}$, et comme l'on a $\overline{\overline{M}} = \overline{\overline{N}}$, il en résulte, d'après (6), $M \sim N$.

De la notion de l'équivalence résulte encore immédiatement le théorème suivant :

Si M, N, P, ... *sont des ensembles formés d'éléments tous distincts et si* M', N', P' *sont des ensembles correspondants analogues, les relations*

$$M \sim M' \qquad N \sim N' \qquad P \sim P' \ldots$$

ont pour conséquence

$$(M, N, P, \ldots) \sim (M' N' P' \ldots)$$

§ 2. — *Comparaison des puissances.*

Si les deux ensembles M et N, dont les nombres cardinaux sont $a = \overline{\overline{M}}$ et $b = \overline{\overline{N}}$, remplissent les deux conditions :

1° *Il n'y a aucune partie de* M *qui soit équivalente à* N,

2° *Il y a une partie* N_1 *de* N, *telle que* $N_1 \sim M$,

il est tout d'abord évident que celles-ci sont aussi remplies lorsqu'on remplace les ensembles M et N par deux ensembles respectivement équivalents M' et N' ; *elles expriment donc une relation déterminée entre les nombres cardinaux* a *et* b.

De plus, l'équivalence de M et N, et par suite l'égalité de a et b sont exclues ; car si l'on avait $M \sim N$ et $N_1 \sim M$, on aurait aussi $N_1 \sim N$, et en vertu de l'équivalence des ensembles M et N, il existerait une partie de M_1 de M telle que $M_1 \sim M$, et par suite $M_1 \sim N$, ce qui est contraire à la première condition.

En troisième lieu, *la relation de* a *à* b *est telle qu'elle exclut la même relation de* b *à* a; car si l'on permute dans

1° et 2° les lettres M et N, on obtient deux conditions qui sont contradictoires aux premières.

Nous exprimons la relation de a à b caractérisée par les conditions 1° et 2° en disant : a est plus petit que b ou encore b est plus grand que a, ce que nous écrivons

(1) $$a < b \quad \text{ou} \quad b > a$$

On démontre facilement que

(2) Si $a < b$, $b < c$, on a toujours $a < c$.

De même, il résulte immédiatement de la définition que *si* P_1 *est une partie d'un ensemble* P, *la relation* $a < \overline{\overline{P}}_1$ *entraîne toujours* $a < \overline{\overline{P}}$ *et* $\overline{\overline{P}} < b$ *entraîne aussi* $\overline{\overline{P}}_1 < b$.

Nous avons vu que chacune des trois relations

$$a = b, \qquad a < b, \qquad b < a$$

exclut les deux autres.

Au contraire, il n'est nullement évident, et nous ne pourrions que difficilement démontrer actuellement que pour deux nombres cardinaux quelconques a et b, l'une de ces trois relations est nécessairement vérifiée.

Bientôt, lorsque nous aurons jeté un coup d'œil sur la suite ascendante des nombres cardinaux infinis et que nous aurons pénétré leur enchaînement, nous reconnaîtrons l'exactitude du théorème suivant :

A. — *Si a et b sont deux nombres cardinaux arbitraires, l'on a :*

$$\text{ou } a = b, \quad \text{ou } a < b, \quad \text{ou } a > b.$$

On déduit très simplement de ce théorème les propositions suivantes dont nous ne ferons provisoirement aucun usage.

B. — *Si deux ensembles* M *et* N *sont tels que* M *est équivalent à une partie* N_1 *de* N *et* N *équivalent à une partie* M_1 *de* M, M *et* N *sont aussi équivalents.*

C. — *Si* M_1 *est une partie d'un ensemble* M, M_2 *une partie de l'ensemble* M_1 *et si les ensembles* M *et* M_2 *sont équivalents, ils sont aussi équivalents à l'ensemble* M_1.

D. — *Si deux ensembles* M *et* N *sont tels que* N *n'est équivalent ni avec*

M lui-même, ni avec une partie de M, il y a une partie N_1 de N qui est équivalente à M.

E. — *Si deux ensembles M et N ne sont pas équivalents et s'il y a une partie N_1 de N équivalente à M, il n'y a aucune partie de M équivalente à N.*

§ 3. — *L'addition et la multiplication des puissances.*

La réunion de deux ensembles M et N qui n'ont aucun élément commun a été représentée par (M, N) [§ 1. (2)]. Nous nommons ce nouvel ensemble l'*ensemble-somme (Vereinigungsmenge) de* M *et de* N.

Si M′, N′ sont deux autres ensembles sans éléments communs et si $M \sim M'$, $N \sim N'$, nous avons vu que

$$(M, N) \sim (M', N').$$

Il en résulte que le nombre cardinal de (M, N) ne dépend que des nombres cardinaux $\overline{\overline{M}} = a$ et $\overline{\overline{N}} = b$.

Ceci nous conduit à la définition de la somme de a et b lorsque nous posons

$$(1) \qquad a + b = \overline{\overline{(M, N)}}.$$

Puisque dans la notion de puissance, il est fait abstraction de l'ordre des éléments, nous avons

$$(2) \qquad a + b = b + a$$

et pour 3 nombres cardinaux a, b et c

$$(3) \qquad a + (b + c) = (a + b) + c.$$

Arrivons à la multiplication.

La réunion d'un élément m d'un ensemble M et d'un élément n d'un autre ensemble N forme un nouvel élément (m, n). Nous désignerons par la notation $(M \times N)$ l'ensemble formé de tous les éléments (m, n) et nous l'appellerons *ensemble-produit (Verbindungsmenge) de* M *et de* N. On a ainsi

(4) $$(M \times N) = \{(m, n)\}.$$

On voit facilement que la puissance de $(M \times N)$ ne dépend que des puissances de $\overline{\overline{M}} = a$ et $\overline{\overline{N}} = b$; car si l'on remplace les ensembles M et N par les ensembles respectivement équivalents

$$M' = \{m'\} \quad \text{et} \quad N' = \{n'\}$$

et si l'on considère m, m' ainsi que n, n' comme des éléments associés, on voit que l'ensemble

$$(M' \times N') = \{(m', n')\}$$

est lié à l'ensemble $(M \times N)$ par une correspondance biuniforme si l'on fait correspondre les éléments (m, n) et $(m'\ n')$. Ainsi

(5) $$(M' \times N') \sim (M \times N).$$

Nous pouvons maintenant définir le produit $a \times b$ par l'équation

(6) $$a \times b = \overline{\overline{(M \times N)}}.$$

On peut aussi déduire des deux ensembles M et N, dont les nombres sont a et b, un ensemble de nombre cardinal $a \times b$ par la règle suivante : on remplace chaque élément n de l'ensemble N par un ensemble $M_n \sim M$; si l'on considère les éléments de tous ces ensembles M_n réunis en un seul tout S, on voit facilement que

(7) $$S \sim (M \times N)$$

et par suite

$$\overline{\overline{S}} = a \times b.$$

Car si nous désignons par m_n l'élément de M_n correspondant à l'élément m de M, on a :

(8) $$S = \{m_n\}$$

et, par suite, les ensembles S et $(M \times N)$ se correspondent d'une manière biuniforme lorsque l'on associe m_n et (m, n).

De nos définitions résultent immédiatement les théorèmes

$$(9) \qquad a \times b = b \times a$$

$$(10) \qquad a \times (b \times c) = (a \times b) \times c$$

$$(11) \qquad a \times (b + c) = ab + ac$$

parce que

$$(M \times N) \sim (N \times M)$$
$$[M \times (N \times P)] \sim [(M \times N) \times P]$$
$$[M \times (N, P)] \sim [(M \times N), (M \times P)].$$

L'addition et la multiplication des puissances sont ainsi soumises aux lois commutative, associative et distributive.

§ 4. — *L'exponentiation des puissances.*

Nous disons d'une loi qui, à chaque élément n de N fait correspondre un élément déterminé de M, le même élément pouvant être employé plusieurs fois, qu'elle réalise une *représentation (Belegung) de l'ensemble* N *sur les éléments de l'ensemble* M, ou, plus simplement, une *représentation de* N *sur* M. L'élément de M associé ainsi à n est, d'une certaine façon, une fonction uniforme de n et peut, par exemple, être désigné par $f(n)$; $f(n)$ est la *fonction de représentation* de n; la représentation correspondante de N sera désignée par $f(N)$.

Deux représentations $f_1(N)$ et $f_2(N)$ sont alors, et seulement alors, dites identiques lorsque *pour tous les éléments* n *de* N on a l'équation

$$(1) \qquad f_1(n) = f_2(n)$$

de sorte que si pour un seul élément particulier $n = n_0$ cette équation n'est pas vérifiée, les représentations $f_1(N)$ et $f_2(N)$ sont considérées comme distinctes.

Par exemple, si m_0 est un élément particulier de M et si l'on suppose que pour tous les éléments n on a

$$f(n) = m_0$$

on a une représentation particulière de N sur M.

On obtiendra une autre représentation lorsque, m_0 et m_1 étant deux éléments différents de M, n_0 un élément particulier de N, on pose

$$f(n_0) = m_0$$
$$f(n) = m_1$$

pour tous les n différents de n_0.

La réunion de toutes les représentations distinctes de N sur M forme un ensemble déterminé dont les éléments sont $f(\mathrm{N})$; nous le nommons *l'ensemble exponentiel* (*Belegungsmenge*) de N avec M et nous le représentons par la notation $(\mathrm{N}|\mathrm{M})$. Ainsi

$$(2) \qquad (\mathrm{N}|\mathrm{M}) = \{f(\mathrm{N})\}.$$

Si $\mathrm{M} \sim \mathrm{M}'$, $\mathrm{N} \sim \mathrm{N}'$, on voit facilement que

$$(3) \qquad (\mathrm{N}|\mathrm{M}) \sim (\mathrm{N}'|\mathrm{M}').$$

Le nombre cardinal de $(\mathrm{N}|\mathrm{M})$ ne dépend donc que des nombres cardinaux $\overline{\overline{\mathrm{M}}} = a$ et $\overline{\overline{\mathrm{N}}} = b$; cela nous conduit à la définition de a^b

$$(4) \qquad a^b = \overline{\overline{(\mathrm{N}|\mathrm{M})}}.$$

Pour trois ensembles quelconques, M, N et P, on démontre facilement les théorèmes suivants :

$$(5) \qquad [(\mathrm{N}|\mathrm{M}) \times (\mathrm{P}|\mathrm{M})] \sim [(\mathrm{N}, \mathrm{P})|\mathrm{M}]$$
$$(6) \qquad [(\mathrm{P}|\mathrm{M}) \times (\mathrm{P}|\mathrm{N})] \sim [\mathrm{P}|(\mathrm{M} \times \mathrm{N})]$$
$$(7) \qquad [\mathrm{P}|(\mathrm{N}|\mathrm{M})] \sim [(\mathrm{P} \times \mathrm{N})|\mathrm{M}]$$

Il en résulte, si l'on pose $\overline{\overline{P}} = c$, que, pour trois nombres cardinaux a, b, c quelconques, on a :

$$a^b . a^c = a^{b+c} \tag{8}$$

$$a^c . b^c = (ab)^c \tag{9}$$

$$(a^b)^c = a^{b.c}. \tag{10}$$

On reconnaîtra par l'exemple suivant combien ces formules simples, étendues aux puissances, sont instructives et d'une grande portée.

Désignons par o la puissance du continu linéaire X (c'est-à-dire de l'ensemble X de tous les membres réels x qui sont $\geqq 0$ et $\leqq 1$. On s'assure facilement que o peut être représenté par la formule

$$o = 2^{\aleph_0}, \tag{11}$$

$\aleph_0$ étant le nombre défini au § 6.

En effet, d'après (4), $2^{\aleph_0}$ n'est pas autre chose que la puissance de l'ensemble de toutes les représentations

$$x = \frac{f(1)}{2} + \frac{f(2)}{2^2} + \ldots + \frac{f(\nu)}{2^\nu} + \ldots \text{ (où } f(\nu) = 0 \text{ ou } 1). \tag{12}$$

des nombres x dans le système de numération dont la base est 2. Si nous remarquons, de plus, qu'il n'y a pour chaque nombre x qu'une seule manière de les représenter ainsi, sauf pour les nombres

$$x = \frac{2\nu + 1}{2^\mu} < 1,$$

pour lesquels il y a deux manières, nous voyons qu'en représentant par $\{s_\nu\}$ l'ensemble « dénombrable » de ces derniers on a :

$$2^{\aleph_0} = \overline{\overline{(\{s_\nu\}, X)}}.$$

Supposons que l'on retranche de X un ensemble dénombrable quelconque $\{t_\nu\}$ et désignons le reste par X_1, on a :

$$X = (\{t_\nu\}, X_1) = (\{t_{2\nu-1}\}, \{t_{2\nu}\}, X_1)$$

$$(\{s_\nu\}, X) = (\{s_\nu\}, \{t_\nu\}, X_1)$$

$$\{t_{2\nu-1}\} \sim \{s_\nu\} \qquad \{t_{2\nu}\} \sim \{t_\nu\} \qquad X_1 \sim X_1.$$

et il en résulte

$$X \sim (\{s_\nu\}, X)$$

et par suite (§ 1)

$$2^{\aleph_0} = \overline{\overline{X}} = \mathfrak{o}.$$

En élevant au carré les deux membres de la formule et se reportant au § 6, (6)

$$\mathfrak{o}\mathfrak{o} = 2^{\aleph_0} . 2^{\aleph_0} = 2^{\aleph_0 + \aleph_0} = 2^{\aleph_0} = \mathfrak{o}$$

et par des multiplications successives :

(13) $$\mathfrak{o}^\nu = \mathfrak{o}$$

ν étant un nombre cardinal fini quelconque.

Élevons les deux membres de (11) à la puissance $\aleph_0$. On obtient :

$$\mathfrak{o}^{\aleph_0} = (2^{\aleph_0})^{\aleph_0} = 2^{\aleph_0 . \aleph_0}.$$

Mais comme d'après § 6, (8) $\aleph_0 \aleph_0 = \aleph_0$

(14) $$\mathfrak{o}^{\aleph_0} = \mathfrak{o}.$$

La signification des formules (13) et (14) est celle-ci : *Les continus à ν dimensions ainsi que les continus à $\aleph_0$ dimensions ont même puissance que le continu linéaire.* Ainsi, tout le contenu du mémoire du *Journal de Crelle*, tome LXXXIV, page 242, est obtenu d'une façon purement algébrique à l'aide des formules fondamentales du calcul des puissances.

§ 5. — *Les nombres cardinaux finis.*

Nous voulons montrer tout d'abord que les principes que nous venons d'exposer, et sur lesquels nous fonderons la théorie des nombres cardinaux actuellement infinis ou transfinis, fournissent aussi l'exposé le plus naturel, le plus court et le plus rigoureux de la théorie des nombres finis.

A un objet isolé e_0, considéré comme élément unique d'un ensemble $E_0 = (e_0)$, correspond comme nombre cardinal celui que nous nommons « un » et que nous écrivons 1 ; nous avons :

(1) $$1 = \overline{\overline{E_0}}.$$

Si l'on ajoute maintenant à E_0 un autre objet e_1, l'ensemble somme s'appelle E_1, de sorte que

$$E_1 = (E_0, e_1) = (e_0, e_1). \tag{2}$$

Le nombre cardinal de E_1 s'appelle « deux » et s'écrit 2.

$$2 = \overline{\overline{E_1}}. \tag{3}$$

Par l'adjonction successive de nouveaux éléments, nous obtenons la série des ensembles

$$E_2 = (E_1, e_2), \qquad E_3 = (E_2, e_3), \ldots$$

qui nous fournissent la suite illimitée des autres *nombres cardinaux* appelés *finis* et que nous écrivons 3, 4, 5, ... L'emploi que nous faisons des mêmes nombres comme indices se justifie en ce sens qu'un nombre n'est ainsi employé qu'après avoir été défini comme nombre cardinal. Si $\nu - 1$ désigne le nombre précédant immédiatement le nombre ν dans cette série, nous avons

$$\nu = \overline{\overline{E_{\nu-1}}} \tag{4}$$

$$E_\nu = (E_{\nu-1}, e_\nu) = (e_0, e_1, \ldots, e_\nu). \tag{5}$$

De la définition de la somme donnée au § 3, il résulte

$$\overline{\overline{E_\nu}} = \overline{\overline{E_{\nu-1}}} + 1 \tag{6}$$

c'est-à-dire que tout nombre cardinal fini (sauf 1) est la somme de celui qui le précède immédiatement et de 1.

Dans le développement de nos idées, les trois théorèmes suivants viennent maintenant au premier plan.

A. *Les termes de la série illimitée des nombres cardinaux finis* 1, 2, 3, ..., ν, ... *sont tous différents entre eux* (c'est-à-dire que la condition d'équivalence des ensembles correspondants donnée au § 1 n'est pas remplie).

B. *Chacun de ces nombres* ν *est plus grand que tous ceux qui le précèdent et plus petit que tous ceux qui le suivent* (§ 2).

C. *Il n'y a aucun nombre cardinal dont la valeur soit comprise entre deux nombres consécutifs* ν *et* $\nu + 1$ (§ 2).

Nous basons la démonstration de ces théorèmes sur les deux suivants D et E que nous établirons d'abord.

D. *Si l'ensemble* M *est tel qu'il n'est équivalent à aucune de ses parties, l'ensemble* (M, e) *qui résulte de* M *par l'adjonction d'un nouvel élément e, a aussi la même propriété de n'être équivalent à aucune de ses parties.*

E. *Si* N *est un ensemble dont le nombre cardinal* ν *est fini et* N_1 *une partie de* N, *le nombre cardinal de* N_1 *est égal à l'un des nombres* 1, 2, 3, ..., $\nu - 1$.

Démonstration de D. — Supposons donc que l'ensemble (M, e) soit équivalent à une de ses parties que nous appellerons N, nous distinguerons deux cas qui conduisent tous deux à une contradiction.

1° L'ensemble N contient l'élément e; soit $N = (M_1, e)$; M_1 est alors une partie de M, car N est une partie de (M, e). Comme nous l'avons vu au § 1, on peut modifier la loi d'association des deux ensembles équivalents (M, e) et (M_1, e) de façon que l'élément e de l'un corresponde à l'élément e de l'autre, et alors les éléments des ensembles M et M_1 se correspondent un à un, ce qui est contraire à l'hypothèse que M n'est équivalent à aucune de ses parties.

2° La partie N de (M, e) ne contient pas l'élément e et, par suite, est ou M ou une partie de M. La loi d'association de (M, e) et de N fait correspondre à l'élément e de (M, e) l'élément f de N. Soit $N = (M_1, f)$; les éléments des ensembles M et M_1 se correspondent d'une manière uniforme; mais M_1 qui est une partie de N est aussi une partie de M. M serait donc aussi équivalent à l'une de ses parties, ce qui est contraire à l'hypothèse.

Démonstration de E. — Supposons le théorème vrai pour

un certain nombre ν et démontrons-le pour le nombre suivant $\nu + 1$.

Comme ensemble définissant le nombre cardinal $\nu + 1$, nous avons pris $E_\nu = (e_0\, e_1 \ldots e_\nu)$; si le théorème est exact pour celui-ci, il résulte du § 1 qu'il est aussi vrai pour tout autre ensemble de même nombre cardinal. Soit E′ une partie quelconque de E_ν; nous distinguerons les cas suivants :

1° E′ ne contient pas l'élément e_ν et est alors ou $E_{\nu-1}$ ou une partie de $E_{\nu-1}$; il a donc pour nombre cardinal ou ν ou un des nombres 1, 2, 3, ..., $\nu - 1$, puisque nous supposons notre théorème vrai pour l'ensemble $E_{\nu-1}$ de nombre cardinal ν.

2° E′ se compose d'un seul élément e_ν, alors $\overline{\overline{E'}} = 1$.

3° E′ se compose de e_ν et d'un ensemble E″, de sorte que $E' = (E'', e_\nu)$. E″ est une partie de $E_{\nu-1}$ et a, par suite, pour nombre cardinal un des nombres 1, 2, 3, ..., $\nu - 1$.

Mais on a $\overline{\overline{E'}} = \overline{\overline{E''}} + 1$ et par suite E′ a pour nombre cardinal un des nombres 2, 3, ..., ν.

Démonstration de A. — Chacun des ensembles que nous avons désignés par E_ν a la propriété de n'être équivalent à aucune de ses parties. Car s'il en est ainsi pour un certain nombre cardinal ν, il résulte du théorème D que c'est aussi vrai pour le suivant $\nu + 1$.

Mais pour $\nu = 1$, on reconnaît immédiatement que l'ensemble $E_1 = (e_0, e_1)$ n'est équivalent à aucune de ses parties, qui sont ici (e_0) et (e_1).

Considérons maintenant deux nombres quelconques μ et ν de la série 1, 2, 3, ..., μ étant placé avant ν dans la série; $E_{\mu-1}$ est une partie de $E_{\nu-1}$, par suite $E_{\mu-1}$ et $E_{\nu-1}$ ne sont pas équivalents et les nombres cardinaux correspondants ne sont pas égaux.

Démonstration de B. — Considérons encore les nombres μ et ν; μ venant avant ν dans la série des nombres cardinaux finis, je dis que $\mu < \nu$. En effet, si nous considérons les deux ensembles $M = E_{\mu - 1}$ et $N = E_{\nu - 1}$, ils remplissent les deux conditions données au § 2 pour $M < N$.

La première condition est remplie, car d'après le théorème E, une partie de $M = E_{\mu - 1}$ a l'un des nombres cardinaux 1, 2, 3, ..., $\mu - 1$ et, par suite, d'après le théorème A, ne peut être équivalent à l'ensemble $N = E_{\nu - 1}$. La deuxième condition est remplie, car M est lui-même une partie de N.

Démonstration de C. — Soit a un nombre cardinal plus petit que $\nu + 1$. D'après la deuxième condition du § 2, il y a une partie de E_ν qui a pour nombre cardinal a. D'après le théorème E, toute partie de E_ν a pour nombre cardinal 1, 2, 3, ..., ν.

Donc a est égal à l'un des membres 1, 2, 3, ..., ν.

D'après le théorème B, aucun de ces nombres n'est plus grand que ν.

Par suite, il n'y a aucun nombre cardinal qui soit plus petit que $\nu + 1$ et plus grand que ν.

Le théorème suivant sera très important pour la suite.

F. *Soit* K *un ensemble de nombres cardinaux finis et distincts, il y en a un parmi eux* x_1 *qui est plus petit que tous les autres et est ainsi le plus petit de tous.*

Démonstration. — Ou l'ensemble K contient le nombre 1 qui est alors le plus petit $x_1 = 1$; ou il ne le contient pas. Dans ce cas, soit J l'ensemble de *tous* les nombres cardinaux de notre série 1, 2, 3, ... qui sont plus petits que les nombres de K. Si un nombre ν appartient à J, il en est de même de tous les nombres plus petits que ν. Mais J doit contenir un élément ν_1 tel que $\nu_1 + 1$ et par suite tous les nombres plus grands n'appartiennent pas à J, car autrement J comprendrait l'ensemble de tous les nombres finis, ce qui est impossible car les nombres appartenant à K ne sont pas contenus dans J. Ainsi J n'est pas autre chose que la suite $(1, 2, 3, \ldots \nu_1)$. Le nombre $x_1 = \nu_1 + 1$ est nécessairement un élément de K et il est plus petit que tous les autres.

De F on déduit :

G. *Tout ensemble* $K = \{\varkappa\}$ *de nombres cardinaux finis et différents peut s'écrire :*

$$K = (\varkappa_1, \varkappa_2, \varkappa_3, \ldots)$$

où

$$\varkappa_1 < \varkappa_2 < \varkappa_3 \ldots$$

§ 6. — *Le plus petit nombre cardinal transfini aleph-zéro.*

Les ensembles dont le nombre cardinal est fini s'appellent *ensembles finis;* nous appellerons tous les autres des *ensembles transfinis* et les nombres cardinaux correspondants seront des *nombres cardinaux transfinis.*

L'ensemble de *tous les nombres cardinaux finis* ν nous donne un exemple immédiat d'un ensemble transfini : nous nommons le nombre cardinal correspondant (§ 1) le nombre aleph-zéro et nous l'écrivons $\aleph_0$, de sorte que

$$(1) \qquad \aleph_0 = \overline{\overline{\{\nu\}}}.$$

Ce fait que $\aleph_0$ est un nombre *transfini,* c'est-à-dire n'est égal à aucun nombre fini μ, résulte de cette simple remarque que, si l'on ajoute à l'ensemble $\{\nu\}$ un nouvel élément e_0, l'ensemble somme $(\{\nu\}, e_0)$ est équivalent à l'ensemble primitif. Car on établit entre les éléments des deux ensembles une correspondance biuniforme en faisant correspondre à l'élément e_0 du premier l'élément 1 du second et à l'élément ν du premier l'élément $\nu + 1$ du second. D'après le § 3 nous avons donc :

$$(2) \qquad \aleph_0 + 1 = \aleph_0.$$

Mais nous avons montré au § 5 que $\mu + 1$ est toujours différent de μ ; donc $\aleph_0$ n'est égal à aucun nombre fini.

Le nombre $\aleph_0$ *est plus grand que tout nombre fini* μ

$$(3) \qquad \aleph_0 > \mu.$$

Cela résulte (§ 3) de ce que $\mu = \overline{\overline{(1, 2, 3, \ldots, \mu)}}$ ajouté à ceci qu'aucune partie de l'ensemble $(1, 2, 3, \ldots, \mu)$ n'est équivalente à l'ensemble $\{\nu\}$, tandis que $(1, 2, 3, \ldots, \mu)$ est une partie de $\{\nu\}$.

D'ailleurs $\aleph_0$ est *le plus petit nombre cardinal transfini.* Si a est un nombre cardinal transfini quelconque différent de $\aleph_0$, on a toujours

$$\aleph_0 < a. \tag{4}$$

Cela résulte des théorèmes suivants :

A. *Tout ensemble transfini* T *a des parties dont le nombre cardinal est* $\aleph_0$.

Démonstration. — Si l'on sépare de l'ensemble T par un procédé quelconque un nombre fini d'éléments $t_1, t_2, \ldots t_{\nu-1}$, on peut toujours en retirer un de plus t_ν. L'ensemble $\{t_\nu\}$ où ν désigne un nombre cardinal fini arbitraire, est une partie de T dont le nombre cardinal est $\aleph_0$, car $\{t_\nu\} \sim \{\nu\}$. (§ 1.)

B. *Si* S *est un ensemble transfini de nombre cardinal* $\aleph_0$, S_1 *une partie infinie de* S, *on a aussi* $\overline{\overline{S}}_1 = \aleph_0$.

Démonstration. — Nous supposerons que $S \sim \{\nu\}$; si nous désignons par s_ν l'élément de S qui correspond à l'élément ν de $\{\nu\}$ en vertu d'une loi d'association arbitraire, nous avons

$$S = \{s_\nu\}.$$

La partie S_1 de S se compose de certains éléments $s_\varkappa$ de S et la réunion de tous les nombres $\varkappa$ forme une partie infinie K de l'ensemble $\{\nu\}$. Or, d'après le théorème G, § 5, l'ensemble K peut s'écrire

$$K = \{\varkappa_\nu\}$$

où

$$\varkappa_\nu < \varkappa_{\nu+1}$$

et par suite on a aussi

$$S_1 = \{s_{\varkappa_\nu}\}.$$

Il en résulte que $S_1 \sim S$ et que $\overline{\overline{S}}_1 = \aleph_0$.

En se reportant au § 1, on voit que les théorèmes A et B démontrent la formule (4).

En ajoutant 1 aux deux membres de l'égalité (2), nous avons :

$$\aleph_0 + 2 = \aleph_0 + 1 = \aleph_0,$$

et en répétant cette opération :

(5) $$\aleph_0 + \nu = \aleph_0.$$

Mais nous avons aussi :

(6) $$\aleph_0 + \aleph_0 = \aleph_0.$$

Car d'après l'égalité (1), § 3, $\aleph_0 + \aleph_0$ est le nombre cardinal $\overline{\overline{(\{a_\nu\}, \{b_\nu\})}}$ parce que

$$\aleph_0 = \overline{\overline{\{a_\nu\}}} = \overline{\overline{\{b_\nu\}}}.$$

Mais on a évidemment :

$$\{\nu\} = (\{2\nu - 1\}, \{2\nu\})$$
$$(\{2\nu - 1\}, \{2\nu\}) \sim (\{a_\nu\}, \{b_\nu\})$$

et par suite

$$\overline{\overline{(\{a_\nu\}, \{b_\nu\})}} = \overline{\overline{\{\nu\}}} = \aleph_0.$$

L'équation (6) peut aussi s'écrire :

$$\aleph_0 . 2 = \aleph_0,$$

et en ajoutant un certain nombre de fois $\aleph_0$ aux deux membres de cette équation :

(7) $$\aleph_0 . \nu = \nu . \aleph_0 = \aleph_0.$$

Nous avons aussi :

(8) $$\aleph_0 . \aleph_0 = \aleph_0.$$

Démonstration. — D'après la formule (6) du § 3, $\aleph_0 . \aleph_0$ est le nombre cardinal de l'ensemble $\{(\mu, \nu)\}$, où μ et ν sont deux nombres cardinaux is quelconques, indépendants l'un de l'autre. Si λ représente aussi un nombre cardinal fini arbitraire (de sorte que $\{\lambda\}$, $\{\mu\}$ et $\{\nu\}$ sont seulement des modes différents de représenter l'ensemble de tous les nombres cardinaux finis), nous avons à montrer que

$$\{(\mu, \nu)\} \sim \{\lambda\}.$$

Posons $\mu + \nu = \rho$; ρ prendra les valeurs 2, 3, 4, ... et il y a en tout $\rho - 1$ éléments $\{\mu, \nu\}$ pour lesquels $\mu + \nu = \rho$, savoir :

$$(1, \rho - 1), (2, \rho - 2), ..., (\rho - 1, 1).$$

Supposons que l'on écrive dans cet ordre d'abord l'élément (1, 1) pour lequel $\rho = 2$, puis les deux éléments pour lesquels $\rho = 3$, puis les trois éléments pour lesquels $\rho = 4$, et ainsi de suite; on obtiendra tous les éléments (μ, ν) écrits comme il suit :

$$(1,1); (1,2), (2,1); (1,3), (2,2), (3,1); (1,4), (2,3),... ;$$

et comme on le voit facilement, l'élément (μ, ν) occupe le rang

$$\lambda = \mu + \frac{(\mu + \nu - 1)(\mu + \nu - 2)}{2}. \tag{9}$$

λ prend successivement les valeurs 1, 2, 3, ... ; il existe ainsi en vertu de (9) une correspondance biuniforme entre les deux ensembles $\{\lambda\}$ et $\{\mu, \nu\}$.

Si l'on multiplie par $\aleph_0$ les deux membres de l'équation (8), on obtient $\aleph_0^3 = \aleph_0^2 = \aleph_0$, et en répétant l'opération, on obtient l'équation

$$\aleph_0^\nu = \aleph_0, \tag{10}$$

valable pour un nombre cardinal fini quelconque ν.

Les théorèmes E et A du § 5 nous conduisent à cette proposition sur les ensembles *finis*.

C. *Tout ensemble fini* E *est tel qu'il n'est équivalent à aucune de ses parties.*

Nous mettrons en regard le théorème suivant relatif aux ensembles *transfinis*.

D. *Tout ensemble transfini* T *est tel qu'il a des parties* T_1 *qui lui sont équivalentes.*

Démonstration. — D'après le théorème A de ce paragraphe, il y a une partie $S = \{t_\nu\}$ de T dont le nombre cardinal est $\aleph_0$. Soit $T = (S, U)$, de sorte que U est formé des éléments de T qui sont différents des éléments t_ν. Si nous posons $S_1 = \{t_{\nu+1}\}$ et $T_1 = (S_1, U)$, T_1 est une partie de T que l'on obtient en séparant de T le seul élément t_1. Comme $S \sim S_1$ (théorème B de ce paragraphe) et $U \sim U$, on a aussi (§ 1) $T \sim T_1$.

Les théorèmes C et D mettent en lumière la différence essentielle entre les ensembles finis et transfinis, indiquée déjà dès 1877 dans le *Journal de Crelle*, tome LXXXIV, page 242.

Maintenant que nous avons défini le plus petit nombre cardinal transfini $\aleph_0$ et obtenu ses propriétés les plus immédiates, la question se pose de rechercher les nombres cardinaux supérieurs et leur génération à partir de $\aleph_0$.

Nous montrerons que les nombres cardinaux transfinis se rangent par ordre de grandeur et forment ainsi rangés, comme les nombres cardinaux finis, quoique dans un sens plus étendu, un *ensemble bien ordonné*.

De $\aleph_0$ résulte, d'après une loi déterminée, le nombre cardinal *immédiatement supérieur* $\aleph_1$; de celui-ci et d'après la même loi résulte le nombre suivant $\aleph_2$, et ainsi de suite.

Mais la suite illimitée des nombres cardinaux

$$\aleph_0, \aleph_1, \aleph_2, \ldots, \aleph_\nu, \ldots$$

n'épuise pas la notion de nombre cardinal transfini. Nous démontrerons l'existence d'un nombre cardinal que nous désignerons par $\aleph_\omega$ et qui se présente comme *le nombre immédiatement supérieur à tous les nombres* $\aleph_\nu$; de ce nombre résulte, de la même manière que $\aleph_1$ résulte de $\aleph_0$, un nombre immédiatement supérieur $\aleph_{\omega+1}$, et ainsi de suite indéfiniment.

Ainsi on déduit, par une loi simple, d'un *nombre cardinal infini quelconque a,* un autre nombre *immédiatement supérieur* et, de plus, de cet ensemble ascendant illimité et bien ordonné $\{a\}$ de nombres cardinaux a résulte simplement un nombre *immédiatement supérieur.*

Pour démontrer rigoureusement ces résultats trouvés en l'année 1882 et déjà publiés dans mon ouvrage : *Grundlagen einer allgemeinen Mannigfältigkeitslehre* (Leipzig, 1883), ainsi qu'au tome XXI des *Mathematische Annalen,* nous emploierons la notion de *type,* dont nous allons d'abord développer la théorie dans les paragraphes suivants.

§ 7. — *Les types ordinaux (Ordnungstypen) des ensembles simplement ordonnés.*

Nous dirons qu'un ensemble M est *simplement ordonné* lorsqu'on a rangé ses éléments dans un ordre de succession jouissant des deux propriétés suivantes : 1° de deux éléments quelconques m_1 et m_2, l'un m_1 a le rang le plus bas, l'autre le rang le plus élevé; 2° si de trois éléments m_1, m_2, m_3, m_1 a un rang plus bas que celui de m_2, et m_2 un rang plus bas que celui de m_3, le rang de m_1 est aussi plus bas que celui de m_3.

La relation de deux éléments m_1 et m_2 qui fait que m_1 a un rang plus bas que celui de m_2 dans l'ordre de succession adopté sera exprimé par les formules

$$(1) \qquad m_1 \prec m_2, \qquad m_2 \succ m_1.$$

Ainsi tout ensemble ponctuel défini, porté par une droite illimitée, est un ensemble simplement ordonné, lorsque pour deux points quelconques p_1 et p_2, appartenant à cet ensemble on attribue le rang inférieur à celui dont l'abscisse est la plus petite (après fixation d'une origine et d'une direction positive).

Il est clair que le même ensemble peut être simplement ordonné de différentes façons. Considérons par exemple l'ensemble R de tous les nombres rationnels positifs $\frac{p}{q}$ (où p et q sont premiers entre eux), qui sont plus petits que 1 ; on peut les ordonner en les rangeant par grandeur croissante. Mais ils peuvent aussi être ordonnés de la façon suivante (et nous appellerons R_0 l'ensemble ainsi ordonné) : des deux nombres $\frac{p_1}{q_1}$ et $\frac{p_2}{q_2}$ pour lesquels les sommes $p_1 + q_1$ et $p_2 + q_2$ sont différentes, celui-là aura le rang inférieur qui correspond à la somme la plus petite ; si ces deux sommes sont égales, on attribuera le rang inférieur au plus petit des deux nombres.

Comme à une seule et même valeur de $p + q$ ne correspondent toujours qu'un nombre fini de nombres rationnels différents, notre ensemble ainsi ordonné aura la forme

$$R_0 = (r_1, r_2, \ldots, r_\nu, \ldots) = \left(\frac{1}{2}, \frac{1}{3}, \frac{1}{4}, \frac{2}{3}, \frac{1}{5}, \frac{1}{6}, \frac{2}{5}, \frac{3}{4}, \ldots\right)$$

où

$$r_\nu \prec r_{\nu+1}.$$

Lorsque nous parlerons d'un ensemble M *simplement ordonné*, nous nous représenterons toujours ses éléments placés dans un *ordre de succession déterminé* au sens qui vient d'être précisé.

Il y a des ensembles ordonnés d'ordre deux, d'ordre trois, d'ordre ν, d'ordre α, mais nous ne nous en occuperons pas provisoirement. Par suite il nous sera permis d'employer dans la suite l'expression plus courte « ensemble ordonné », alors que nous aurons en vue un « ensemble simplement ordonné ».

A tout ensemble ordonné M correspond un *type ordinal (Ordnungstypus)* déterminé que nous désignerons par

$$\overline{M} \tag{2}$$

Nous entendrons par là *la notion générale qui résulte de* M *lorsque nous faisons abstraction de la nature des éléments m, mais non de leur ordre de succession.*

D'après cela, le type ordinal $\overline{M}$ est *lui-même un ensemble ordonné,* dont les éléments sont des *unités perceptibles,* qui ont entre elles le même ordre de succession que les éléments correspondants de M, dont elles résultent par abstraction.

Deux ensembles ordonnés M et N, sont dits *semblables* quand on peut établir entre leurs éléments une correspondance réciproque à sens unique (correspondance biuniforme) telle que m_1 et m_2 étant deux éléments quelconques de M, n_1 et n_2 les éléments correspondants de N, la relation de m_1 à m_2 dans l'ordre de succession de M soit toujours la même que la relation de n_1 à n_2 dans l'ordre de succession de N. Une telle correspondance de deux ensembles semblables sera appelée une « application » *(Abbildung)* de l'un sur l'autre. A chaque partie M_1 de M (qui apparaît évidemment comme un ensemble ordonné) correspond une partie semblable N_1 de N.

Nous exprimerons la similitude de deux ensembles ordonnés M et N par la formule

$$(3) \qquad M \simeq N.$$

Tout ensemble ordonné est semblable à lui-même.

Si deux ensembles ordonnés sont semblables à un troisième, ils sont aussi semblables entre eux.

Une simple réflexion montre que *deux ensembles ordonnés ont alors, et seulement alors, le même type ordinal, lorsqu'ils sont semblables; de sorte que l'une quelconque des deux formules*

$$(4) \qquad \overline{M} = \overline{N} \qquad M \simeq N$$

est toujours une conséquence de l'autre.

Si dans un type ordinal $\overline{M}$, on fait encore abstraction de l'ordre de succession des éléments, on obtient (§ 1) le nombre cardinal $\overline{\overline{M}}$ de l'ensemble ordonné M, qui est également le nombre cardinal du type $\overline{M}$.

De $\overline{M} = \overline{N}$ résulte toujours $\overline{\overline{M}} = \overline{\overline{N}}$, c'est-à-dire que deux ensembles ordonnés de même type ont toujours la même puissance ou le même nombre cardinal. La similitude des ensembles ordonnés entraîne toujours leur équivalence ; au contraire, deux ensembles ordonnés peuvent être équivalents sans être semblables.

Nous emploierons pour désigner les types ordinaux les petites lettres de l'alphabet grec.

Si α est un type ordinal, nous désignerons par

$$(5) \qquad \overline{\alpha}$$

le nombre cardinal correspondant.

Les types des ensembles simplement ordonnés finis n'offrent aucun intérêt particulier. Car on voit facilement que tous les ensembles simplement ordonnés qui correspondent à un nombre cardinal fini ν, sont semblables, et ainsi ont un seul et même type. Ces types sont donc soumis aux mêmes lois que les nombres cardinaux finis et il sera permis d'employer pour eux les mêmes signes $1, 2, 3, \ldots, \nu, \ldots$, bien qu'ils soient une notion différente de celle des nombres cardinaux.

Il en est tout autrement des types des ensembles infinis, car à un nombre cardinal unique correspondent une infinité de types différents d'ensembles simplement ordonnés dont l'ensemble constitue une « classe de types » *(Typenclasse)*.

Chacune de ces classes de types est ainsi déterminée par un nombre cardinal infini a qui est commun à tous les types isolés appartenant à la classe ; ce sera la classe de types $[a]$.

Celle de ces classes qui se présente tout d'abord naturellement et dont l'étude complète doit être le but immédiat de la théorie des ensembles transfinis est la classe de types $[\aleph_0]$, qui comprend tous les types qui ont le plus petit nombre cardinal infini $\aleph_0$.

Il importe de distinguer du nombre cardinal a, qui *détermine* la classe des types $[a]$, le nombre cardinal a' qui, *de son côté, est déterminé par la classe des types* $[a]$; ce dernier est le nombre cardinal qui correspond (§ 1) à la classe de types $[\alpha]$ lorsque celle-ci est considérée comme un ***ensemble bien défini dont les éléments*** sont les divers types α dont le nombre cardinal est $\mathfrak{a}$. Nous verrons que $\mathfrak{a}'$ est différent de $\mathfrak{a}$ et même qu'il est toujours plus grand.

Si l'on inverse l'ordre de succession de tous les éléments d'un ensemble ordonné de sorte que, de deux éléments, celui qui avait le rang le plus bas acquiert le plus élevé et réciproquement, on obtient de nouveau un ensemble ordonné que nous désignons par

$$(6) \qquad {}^*M$$

et que nous appellerons *l'inverse* de M.

Si $\alpha = \overline{M}$, nous désignerons le type de $^*M$ par

$$(7) \qquad {}^*\alpha.$$

Il peut arriver que $^*\alpha = \alpha$; il en est ainsi, par exemple, pour les types finis et pour le type de l'ensemble R de tous les nombres rationnels qui sont plus grands que 0 et plus petits que 1, lorsqu'on les ordonne par grandeur croissante; nous appellerons ce type η.

Remarquons encore que deux ensembles ordonnés semblables peuvent être représentés l'un sur l'autre d'une ou de plusieurs manières; dans le premier cas, le type considéré est semblable à lui-même d'une seule manière, et dans le deuxième, de plusieurs manières.

Nous verrons que non seulement les types finis, mais aussi les types des ensembles transfinis « bien ordonnés », dont nous nous occuperons plus tard et que nous nommerons ***nombres ordinaux transfinis***, n'admettent qu'une seule représentation sur eux-mêmes. Au contraire, le type η est semblable à lui-même d'une infinité de manières.

Deux exemples simples nous permettront d'éclaircir cette différence.

Désignons par ω le type de l'ensemble bien ordonné

$$(e_1, e_2, e_3, \ldots, e_\nu, \ldots)$$

où

$$e_\nu \prec e_{\nu+1}$$

et où ν représente un nombre cardinal fini quelconque.

Un autre ensemble bien ordonné de même type

$$(f_1, f_2, \ldots, f_\nu, \ldots)$$

avec

$$f_\nu \prec f_{\nu+1}$$

ne peut évidemment être représenté sur le premier qu'en faisant correspondre f_ν avec e_ν. Car l'élément e_1 du premier qui a le moindre rang doit correspondre à l'élément qui a le moindre rang dans le second ; l'élément e_2 de rang immédiatement supérieur à celui de e_1 doit correspondre à l'élément f_2 dont le rang est immédiatement supérieur à celui de f_1, et ainsi de suite.

Toute autre correspondance à sens unique des éléments des deux ensembles $\{e_\nu\}$ et $\{f_\nu\}$ n'est pas une « application » au sens que nous avons fixé plus haut dans la théorie des types.

Considérons au contraire un ensemble ordonné de la forme

$$\{e_{\nu'}\}$$

où ν' prend toutes les valeurs positives et négatives entières y compris la valeur 0 et où

$$e_{\nu'} \prec e_{\nu'+1}.$$

Cet ensemble n'a aucun élément de rang inférieur à tous les autres et aucun élément de rang supérieur à tous les autres. D'après la définition de la somme qui sera donnée au § 8, le type de cet ensemble est

$${}^*\omega + \omega.$$

Il est semblable à lui-même d'une infinité de manières.

Car si nous considérons un ensemble du même type

$$\{f_{\nu}\}$$

avec

$$f_{\nu} \prec f_{\nu+1}$$

et si ν'_0 désigne un nombre entier quelconque positif ou négatif, les deux ensembles sont appliqués l'un sur l'autre lorsque à l'élément e_{ν} du premier on fait correspondre l'élément $f_{\nu_0'+\nu}$ du second; ν'_0 étant arbitraire, on a ainsi une infinité d'applications.

Lorsque la notion de « type » que nous venons de développer est étendue à des « ensembles ordonnés d'ordre multiple », elle comprend, outre la notion introduite au § 1 de « nombre cardinal » ou de « puissance », « tout ce qu'on peut imaginer susceptible de mesure numérique » et elle n'admet dans ce sens aucune généralisation ultérieure. Elle ne contient rien d'arbitraire et n'est que l'extension naturelle de la notion de nombre. *Il faut particulièrement insister sur ce fait que la condition d'égalité* (4) *résulte avec une nécessité absolue de la notion de type et n'admet aucune modification*. C'est dans la méconnaissance de ce principe qu'il faut rechercher la cause principale de la grave erreur qui se trouve dans l'ouvrage de M. G. Veronèse : *Grundzüge der Geometrie* (traduction allemande de A. Schepp, Leipzig, 1894).

Là, à la page 30, « le nombre d'un groupe ordonné » est défini tout à fait de la même façon que notre « type d'un ensemble simplement ordonné ». (*Zur Lehre von Transfiniten*, Halle, 1890. Extrait de *Zeitschrift für Philos. und philos. Kritik*, année 1887.)

Mais M. Véronèse croit devoir compléter la définition de l'égalité. Il dit, page 31 : « Deux nombres dont les unités se correspondent uniformément et dans le même ordre et tels que *l'un n'est pas une partie de l'autre et n'est pas égal à une partie de l'autre*, sont égaux. »

Cette définition de l'égalité contient un cercle et devient un non-sens.

Que signifie : *n'est pas égal à une partie de l'autre?*

Pour répondre à cette question, on doit d'abord savoir quand deux nombres sont égaux ou non. Ainsi *cette définition de l'égalité* (abstraction faite de son arbitraire) *suppose une définition de l'égalité, qui de nouveau suppose une définition de l'égalité, pour laquelle nous devons encore savoir ce qui est égal et ce qui ne l'est pas, et ainsi de suite indéfiniment.*

Après que M. Véronèse a, de cette manière, sacrifié volontairement le fondement indispensable de l'égalité des nombres, on ne doit pas être surpris de l'irrégularité avec laquelle il opère dans la suite sur ses nombres pseudo-transfinis et leur attribue des propriétés qu'ils ne peuvent posséder, car dans la forme imaginée par lui, ils n'ont aucune existence sauf sur le papier. Ainsi devient claire la similitude frappante que ses formations numériques ont avec les plus absurdes « nombres infinis » de Fontenelle (*Géométrie de l'infini,* Paris, 1727).

M. W. Killing a aussi exprimé, dans les *Index lectionum* de l'Académie de Munster, ses scrupules contre les principes du livre de Veronèse.

§ 8. — *Addition et multiplication des types.*

L'ensemble-somme (M, N) de deux ensembles M et N peut aussi, lorsque ces derniers sont ordonnés, être considéré lui-même comme un ensemble ordonné, dans lequel les éléments de M ainsi que les éléments de N conservent entre eux l'ordre de succession qu'ils ont respectivement dans M ou N, tandis que tous les éléments de M ont un rang plus bas que ceux de N.

Si M' et N' sont deux autres ensembles ordonnés, $M \simeq M'$, $N \simeq N'$, on aura aussi $(M, N) \simeq (M', N')$; le type de (M, N) ne dépend donc que des types $\overline{M} = \alpha$, $\overline{N} = \beta$; nous définissons ainsi

$$\alpha + \beta = \overline{(M, N)}. \tag{1}$$

Dans la somme $\alpha + \beta$, α s'appelle l'*augendus*, β l'*addendus*.

Pour trois types quelconques, on démontre facilement que la loi associative est vraie :

$$\alpha + (\beta + \gamma) = (\alpha + \beta) + \gamma. \tag{2}$$

Au contraire, la loi commutative n'est pas exacte en général pour l'addition des types. Nous le verrons déjà par l'exemple suivant :

Soit ω le type, déjà mentionné au § 7, de l'ensemble bien ordonné :

$$E = (e_1, e_2, \ldots, e_\nu, \ldots), \qquad e_\nu \prec e_{\nu+1}$$

$1 + \omega$ n'est pas égal à $\omega + 1$.

Car si f est un nouvel élément, on a d'après (1)

$$1 + \omega = \overline{(f, E)}$$
$$\omega + 1 = \overline{(E, f)}.$$

Mais l'ensemble

$$(f, E) = (f, e_1, e_2, \ldots, e_\nu, \ldots)$$

est semblable à l'ensemble E, par suite :

$$1 + \omega = \omega.$$

Au contraire, les ensembles E et (E, f) ne sont pas semblables, car le premier n'a aucun terme de rang supérieur à tous les autres, tandis que le dernier en a un f. $\omega + 1$ est donc différent de $\omega = 1 + \omega$.

De deux ensembles ordonnés M et N de types α et β on peut déduire un ensemble ordonné S en remplaçant dans N chaque élément n par un ensemble ordonné M_n qui ait le même type que M.

$$\overline{M}_n = \alpha. \tag{3}$$

De plus, l'ordre de succession des éléments de

$$(4) \qquad S = \{M_n\}$$

se déterminera comme il suit :

1° Deux éléments de S qui appartiennent à un même ensemble M_n gardent dans S le même ordre de succession que dans M_n.

2° Deux éléments de S qui appartiennent à deux ensembles différents M_{n_1} et M_{n_2} prennent dans S le même ordre de succession que les éléments n_1 et n_2 dans N.

Il est facile de voir que le type de S ne dépend que des types α et β; nous définissons donc

$$(5) \qquad \alpha . \beta = \overline{S}.$$

Dans ce produit α s'appelle le *multiplicande*, β le *multiplicateur*.

Appelons m_n l'élément de M_n qui, par une *application* quelconque, correspond à l'élément m de M.

Nous pouvons alors écrire

$$(6) \qquad S = \{m_n\}.$$

Si nous introduisons maintenant un troisième ensemble ordonné $P = \{p\}$, de type $\overline{P} = \gamma$, on a, d'après (5),

$$\alpha . \beta = \{m_n\} \qquad \beta . \gamma = \{n_p\} \qquad (\alpha . \beta) . \gamma = \{(m_n)_p\}$$
$$\alpha . (\beta . \gamma) = \{m_{(n_p)}\}.$$

Mais les deux ensembles ordonnés $\{(m_n)_p\}$ et $\{m_{(n_p)}\}$ sont semblables et sont appliqués l'un sur l'autre lorsque l'on fait correspondre leurs éléments $(m_n)_p$ et $m_{(n_p)}$.

Par suite, pour trois types α, β et γ, la *loi associative* est vraie.

$$(7) \qquad (\alpha . \beta) . \gamma = \alpha . (\beta . \gamma .)$$

Enfin de (1) et (5) résulte aussi facilement la *loi distributive*

$$\alpha(\beta + \gamma) = \alpha.\beta + \alpha.\gamma, \tag{8}$$

mais seulement dans le cas où *c'est le multiplicateur qui est une somme.*

Au contraire, la *loi commutative* n'est pas plus vraie pour la multiplication que pour l'addition.

Par exemple, $2.\omega$ et $\omega.2$ *sont des types différents;* car, d'après (5)

$$2.\omega = \overline{(e_1, f_1;\ e_2, f_2; \ldots ;\ e_\nu, f_\nu; \ldots)} = \omega;$$

tandis que

$$\omega.2 = (e_1, e_2, \ldots, e_\nu, \ldots;\ f_1, f_2, \ldots, f_\nu, \ldots),$$

qui est évidemment différent de ω.

Si l'on compare les définitions des opérations élémentaires sur les nombres cardinaux données au § 3 avec celles données ici pour les types, on reconnaît facilement que le nombre cardinal d'une somme de deux types est égal à la somme des nombres cardinaux des types isolés et que le nombre cardinal du produit de deux types est égal au produit des nombres cardinaux de ces types.

Toute équation entre les types résultant des deux opérations élémentaires reste donc vraie lorsque l'on y remplace chaque type par son nombre cardinal.

§ 9. — *Le type η de l'ensemble* R *de tous les nombres rationnels, plus grands que* 0 *et plus petits que* 1, *rangés par grandeur croissante.*

Nous désignons par R, comme au § 7, l'ensemble de tous les nombres rationnels $\frac{p}{q}$ (p et q étant premiers entre eux) qui sont > 0 et < 1, rangés par ordre de grandeur croissante. Nous désignons par η le type de R

$$(1) \qquad \eta = \overline{R}.$$

Mais nous avons aussi rangé les éléments de cet ensemble dans un autre ordre; dans ce nouvel ensemble que nous appelions R_0, le rang était déterminé en première ligne par la grandeur de $p + q$ et en deuxième ligne, c'est-à-dire pour les nombres rationnels pour lesquels $p + q$ a la même valeur, par la grandeur de $\frac{p}{q}$ lui-même. Alors R_0 se présente comme un ensemble bien ordonné de type ω.

$$(2) \qquad R_0 = (r_1, r_2, \ldots, r_\nu, \ldots) \text{ où } r_\nu \prec r_{\nu+1}$$

$$(3) \qquad \overline{R}_0 = \omega$$

R et R_0 ont le même nombre cardinal puisqu'ils ne diffèrent que par l'ordre des éléments, et comme évidemment $\overline{\overline{R}}_0 = \aleph_0$, on a aussi

$$(4) \qquad \overline{\overline{R}} = \overline{\eta} = \aleph_0.$$

Le type η appartient donc à la classe de types $[\aleph_0]$.

Nous remarquons en deuxième lieu que dans R il n'y a pas d'élément qui ait un rang inférieur à tous les autres ou supérieur à tous les autres.

En troisième lieu, R a la propriété qu'*entre* deux de ses éléments il en existe toujours d'autres; nous exprimons cette propriété en disant que R est *partout dense (überalldicht)*.

Nous voulons montrer maintenant que ces trois propriétés caractérisent le type η de R, de sorte que l'on a le théorème suivant :

Si un ensemble simplement ordonné M *vérifie les trois conditions :*

1° $\overline{\overline{M}} = \aleph_0$;

2° M *n'a aucun élément de rang inférieur ni supérieur à tous les autres;*

3° M *est partout dense;*
Le type de M *est égal à* η.

$$\overline{\overline{M}} = \eta.$$

Démonstration. — En vertu de la première condition, M peut être mis sous la forme d'un ensemble bien ordonné de type ω; nous le désignons alors par M_0 et nous posons

$$M_0 = (m_1, m_2, \ldots, m_\nu, \ldots) \tag{5}$$

Nous avons à montrer maintenant que

$$M \simeq R. \tag{6}$$

C'est-à-dire qu'il nous faut prouver que l'on peut représenter M sur R, de façon que l'ordre de succession de deux éléments de M soit le même que celui des deux éléments correspondants de R.

A l'élément r_1 de R on peut faire correspondre l'élément m_1 de M.

r_2 a, relativement à r_1, une certaine position dans R; en vertu de la condition (2) il y a une infinité d'éléments m_ν de M qui ont avec m_1 la même relation dans R que r_2 avec r_1 dans R; nous choisissons *parmi eux* celui qui a dans M_0 le plus petit indice, soit m_{t_2}, et nous l'adjoignons à r_2.

r_3 a dans R certaines relations de rang avec r_1 et r_2; en vertu des conditions (2) et (3) il y a une infinité d'éléments m_ν de M qui ont les mêmes relations avec m_1 et m_2 dans M que r_3 avec r_1 et r_2 dans R; nous choisissons parmi eux celui qui a dans M_0 le plus petit indice m_{t_3} et nous l'adjoignons à r_3.

Supposons que l'on continue ainsi l'adjonction; les éléments

$$r_1, r_2, r_3, \ldots r_\nu,$$

de R ont pour images des éléments déterminés

$$m_1, m_{t_2}, m_{t_3}, \ldots, m_{t_\nu},$$

de M qui ont entre eux le même ordre de succession dans M

que les éléments correspondants dans R, et à l'élément $r_{\nu+1}$ de R on fera correspondre l'élément $m_{t_{\nu+1}}$ de M qui a le moindre indice dans M_0 et qui a, avec

$$m_1, m_{t_2}, m_{t_3}, \dots, m_{t_\nu}$$

les mêmes relations de rang que $r_{\nu+1}$ avec $r_1, r_2, \dots, r_\nu$ dans R.

De cette manière, nous avons adjoint à tous les éléments r_ν de R des éléments déterminés m_{t_ν} de M, et ces éléments ont le même ordre de succession que les éléments correspondants dans R.

Mais il nous faut encore montrer que les éléments m_{t_ν} comprennent tous les éléments m_ν ou, ce qui revient au même, que la série

$$1, t_2, t_3, \dots, t_\nu, \dots$$

n'est qu'une transposition de la série

$$1, 2, 3, \dots, \nu, \dots.$$

Nous démontrerons ceci en prouvant que *si* les éléments $m_1, m_2, \dots, m_\nu$ sont obtenus par la correspondance, *il en est de même de l'élément suivant* $m_{\nu+1}$.

Prenons α assez grand pour que la suite

$$m_1, m_{t_2}, m_{t_3}, \dots m_{t_\lambda}$$

contienne les éléments

$$m_{1'}, m_{2'}, m_{3'}, \dots m_{\nu'},$$

(qui, par hypothèse, sont contenus dans la suite infinie $m_1, m_{t_2}, \dots, m_{t_\nu}, \dots$). Il peut arriver que $m_{\nu+1}$ se trouve parmi ces éléments $m_1, \dots, m_{t_\lambda}$, et alors on a bien prouvé que $m_{\nu+1}$ est obtenu par la correspondance.

Mais si $m_{\nu+1}$ n'est pas compris parmi les éléments

$$m_1, m_{t_2}, m_{t_3}, \dots m_{t_\lambda},$$

$m_{\nu+1}$ a alors avec ces éléments une relation de rang déterminée; il y a dans R une infinité d'éléments qui ont avec $r_1, r_2, \ldots, r_\lambda$ la même relation, soit $r_{\lambda+\sigma}$ celui d'entre eux qui a dans R_0 le plus petit indice.

On voit facilement alors que $m_{\nu+1}$ a, par rapport aux éléments,

$$m_1, m_{\iota_2}, m_{\iota_3}, \ldots, m_{\iota_{\lambda+\sigma-1}}$$

la même position dans M que $r_{\lambda+\sigma}$ par rapport à

$$r_1, r_2, r_3, \ldots, r_{\lambda+\sigma-1},$$

dans R. Comme $m_1, m_2, \ldots, m_\nu$ ont déjà été obtenus par la représentation, $m_{\nu+1}$ est l'élément de moindre indice dans M_0 qui a la même position par rapport à

$$m_1, m_{\iota_2}, m_{\iota_3}, \ldots, m_{\iota_{\lambda+\sigma-1}}.$$

D'après notre loi d'association on a donc

$$m_{\iota_{\lambda+\sigma}} = m_{\nu+1}.$$

Notre correspondance nous donne donc bien l'élément $m_{\nu+1}$ et nous voyons ici que l'élément qui lui est adjoint est $r_{\lambda+\sigma}$.

Ainsi, notre loi d'association nous permet de représenter *l'ensemble* M *tout entier sur l'ensemble* R *entier;* M et R sont donc des ensembles semblables. C. Q. F. D.

Du théorème que nous venons de démontrer résultent par exemple les théorèmes suivants :

η *est le type de l'ensemble de tous les nombres rationnels négatifs et positifs, y compris zéro, rangés par grandeur croissante.*

η *est le type de l'ensemble des nombres rationnels plus grands que a et plus petits que b, rangés par grandeur croissante (a et b étant deux nombres réels quelconques $a < b$).*

η *est le type de l'ensemble de tous les nombres algébriques réels rangés par grandeur croissante.*

η *est le type de l'ensemble de tous les nombres algébriques rangés par grandeur croissante qui sont plus grands que a* *et plus petits que b, où a et b sont deux nombres réels quelconques, $a < b$.*

Car tous ces ensembles ordonnés vérifient les trois conditions exigées de M dans notre théorème. (*Journal de Crelle*, t. LXXVII, p. 258.)

Si nous considérons de plus les ensembles de types $\eta + \eta$, $\eta\eta$, $(1 + \eta)\eta$, $(\eta + 1)\eta$, $(1 + \eta + 1)\eta$, on voit, d'après les définitions données au § 8, que ces trois conditions sont remplies pour chacun d'eux. Donc

(7) $$\eta + \eta = \eta$$
(8) $$\eta\eta = \eta$$
(9) $$(1 + \eta)\eta = \eta$$
(10) $$(\eta + 1)\eta = \eta$$
(11) $$(1 + \eta + 1)\eta = \eta.$$

L'emploi répété des formules (7) et (8) nous conduit, pour un nombre fini ν, aux formules

(12) $$\eta.\nu = \eta$$
(13) $$\eta^{\nu} = \eta.$$

Au contraire, on voit facilement que pour $\nu > 1$, les types $1 + \eta$, $\eta + 1$, $\nu.\eta$, $1 + \eta + 1$, sont différents entre eux et différents de η.

D'ailleurs on a :

(14) $$\eta + 1 + \eta = \eta.$$

Au contraire $\eta + \nu + \eta$ est différent de η pour $\nu > 1$.

Enfin il est bon d'observer que

(15) $${}^*\eta = \eta.$$

§ 10. — *Les séries fondamentales contenues dans les ensembles ordonnés transfinis.*

Considérons un ensemble transfini simplement ordonné quelconque M. Chaque partie de M est un ensemble ordonné. Il y a certaines parties de M de type ω et $^*\omega$ qui paraissent être particulièrement importantes pour l'étude du type $\overline{M}$. Nous les nommons les *séries fondamentales du premier ordre contenues dans* M; les premières, de type ω, seront dites séries *ascendantes,* les autres, de type $^*\omega$, séries *descendantes.*

Comme nous nous bornerons à considérer des séries fondamentales *du premier ordre* (dans des recherches ultérieures nous emploierons aussi des *séries d'ordre supérieur*), nous les nommerons simplement ici *séries fondamentales.*

Une série fondamentale ascendante est de la forme

(1) $$\{a_\nu\} \quad \text{où } a_\nu \prec a_{\nu+1}$$

et une série fondamentale descendante, de la forme

(2) $$\{b_\nu\} \quad \text{où } b_\nu \succ b_{\nu+1}.$$

Dans toutes nos considérations, ν (ainsi que $\varkappa$, λ, μ) désignera un nombre cardinal fini quelconque ou aussi un type fini relatif à un nombre ordinal fini.

Nous disons que deux séries fondamentales ascendantes $\{a_\nu\}$ et $\{a'_\nu\}$ contenues dans M sont « liées » *(zusammengehörig)* et nous écrivons :

(3) $$\{a_\nu\} \parallel \{a'_\nu\}$$

lorsqu'à chaque élément a_ν on peut adjoindre l'élément a'_λ tel que

$$a_\nu \prec a'_\lambda$$

et qu'à chaque élément a'_ν on peut adjoindre a_μ tel que

$$a'_\nu \prec a_\mu.$$

Deux séries fondamentales descendantes $\{b_\nu\}$ et $\{b'_\nu\}$ contenues dans M sont dites « liées » et nous écrivons

(4) $$\{b_\nu\} \parallel \{b'_\nu\}$$

lorsqu'à chaque élément b_ν on peut adjoindre b'_λ tel que

$$b_\nu \succ b'_\lambda$$

et qu'à chaque élément b'_ν on peut adjoindre b_μ tel que

$$b'_\nu \succ b_\mu.$$

Une série fondamentale ascendante $\{a_\nu\}$ et une série descendante $\{b_\nu\}$ sont dites « liées » et nous écrivons

(5) $$\{a_\nu\} \parallel \{b_\nu\}$$

lorsque : 1° pour toutes les valeurs de μ et ν on a :

$$a_\nu \prec b_\mu$$

2° il y a en M *au plus un* élément m_0 (c'est-à-dire qu'il y en a un ou pas du tout) tel que pour toutes les valeurs de ν

$$a_\nu \prec m_0 \prec b_\nu.$$

Nous pouvons alors énoncer les théorèmes :

A. *Deux séries fondamentales qui sont liées à une troisième sont aussi liées entre elles.*

B. *Deux séries de même nature, dont l'une est une partie de l'autre, sont toujours liées.*

S'il existe dans M un élément m_0 qui ait, par rapport à la série fondamentale ascendante $\{a_\nu\}$ une position telle que

1° Pour toute valeur de ν

$$a_\nu \prec m_0.$$

2° Pour tout élément m de M qui est $\prec m_0$ il existe un certain nombre ν_0 tel que

$$a_\nu \succ m \quad \text{pour } \nu \geqq \nu_0,$$

nous appellerons m_0 un *élément limite de* $\{a_\nu\}$ *dans* M, ou encore un *élément principal de* M.

De même nous dirons aussi que m_0 est un *élément principal de* M ou un *élément limite de* $\{b_\nu\}$ *dans* M, si les conditions suivantes sont remplies :

1° Pour toute valeur de ν

$$b_\nu \succ m_0.$$

2° Pour tout élément m de M qui est $\succ m_0$, il existe un certain nombre ν_0 tel que

$$b_\nu \prec m \quad \text{pour } \nu \geqq \nu_0.$$

Une série fondamentale ne peut avoir plus d'un élément limite dans M ; mais M a en général plusieurs éléments principaux.

On reconnaît facilement l'exactitude des propositions :

C. *Si une série fondamentale a un élément limite dans* M, *toutes les séries fondamentales liées avec elle ont dans* M *le même élément limite.*

D. *Si deux séries fondamentales (de même nature ou de nature différente) ont le même élément limite, elles sont liées entre elles.*

Si M et M' sont deux ensembles ordonnés semblables de sorte que

$$\overline{\overline{M}} = \overline{\overline{M}}' \tag{6}$$

et si l'on considère *une application quelconque* des deux ensembles, on voit facilement que les théorèmes suivants sont exacts :

E. *A toute série fondamentale de* M *correspond comme image une série fondamentale de même nature, et réciproquement; à des séries fondamentales liées de* M *correspondent des séries fondamentales liées de* M', *et réciproquement.*

F. *Si une série fondamentale de* M *possède un élément limite dans* M, *la série fondamentale correspondante de* M' *a un élément limite dans* M' ; *ces deux éléments limites sont images l'un de l'autre dans l'application.*

G. *Les éléments principaux de* M *ont pour images les éléments principaux de* M' *et réciproquement.*

Un ensemble M dont tous les éléments sont des éléments principaux est dit un *ensemble dense (insichdicht).*

Si toute série fondamentale de M a en M un élément limite, nous disons que M est un *ensemble enchaîné (abgeschlossene).*

Un ensemble qui est à la fois dense et enchaîné est dit un *ensemble parfait (perfecte Menge).*

Si un ensemble possède l'un quelconque de ces trois attributs, il en est de même de tout ensemble semblable; ce sont donc aussi des propriétés des types correspondants et il y a, par suite, des *types denses,* des *types enchaînés,* des *types parfaits* et aussi des types *partout denses* (§ 9).

Par exemple, η est un type dense; d'après le § 9, il est aussi partout dense, mais il n'est pas enchaîné.

ω et $^*\omega$ n'ont aucun élément principal; au contraire, $\omega + \nu$ et $\nu + {}^*\omega$ ont chacun un élément principal et sont des types enchaînés.

Le type $\omega.3$ a deux éléments principaux, mais n'est pas enchaîné; le type $\omega.3 + \nu$ a trois éléments principaux et est enchaîné.

§ 11. — *Le type θ du continu linéaire* X.

Nous arrivons maintenant à l'étude du type de l'ensemble $X = \{x\}$ de tous les nombres réels x qui sont $\geqq 0$ et $\leqq 1$, rangés dans leur ordre naturel, de sorte que pour deux éléments arbitraires x et x' on ait:

(1) $$x \prec x' \quad \text{dans le cas où } x < x'.$$

Soit θ ce type.

(2) $$\overline{X} = \theta.$$

La théorie élémentaire des nombres rationnels et irrationnels montre que chaque série fondamentale $\{x_\nu\}$ de X a un élément limite x_0 dans X, et que, réciproquement, tout élément x de X est un élément limite de séries fondamentales liées de X. Donc X est un *ensemble parfait,* θ est un *type parfait.*

Mais cela ne caractérise pas encore suffisamment θ, nous avons à considérer bien plus encore la propriété suivante de X:

X *contient* l'ensemble R de η étudié au § 9, et même *de telle* *façon que, entre deux éléments arbitraires x_0 et x_1* de X, il y ait toujours des éléments de R.

Nous voulons montrer maintenant que l'ensemble de ces propriétés caractérise complètement le type θ du contenu linéaire, de sorte que l'on a le théorème :

« *Si un ensemble ordonné* M *présente les caractères suivants: 1° il est parfait, 2° il contient un ensemble* S *de nombre cardinal* $\overline{\overline{S}} = \aleph_0$, *tel qu'entre deux éléments arbitraires* m_0 *et* m_1 *de* M, *il existe toujours des éléments de* S, *on a* $\overline{\overline{M}} = \theta$. »

Démonstration. — Si S a un élément de rang inférieur à tous les autres ou un élément de rang supérieur à tous les autres, ceux-ci, considérés comme éléments de M, conservent en vertu de 2° le même caractère; nous pouvons donc les séparer de S sans que cet ensemble perde, relativement à M, la propriété exprimée en 2°.

Nous supposons donc dorénavant que S n'ait pas d'élément de rang inférieur ou supérieur à tous les autres; d'après le § 9, S a alors le type η.

Car, comme S est une partie de M, la 2° condition exprime qu'entre deux éléments s_0 et s_1 de S, il existe d'autres éléments de S. D'ailleurs nous avons $\overline{\overline{S}} = \aleph_0$.

Les deux ensembles S et R sont par suite semblables.

(3) $$S \simeq R.$$

Prenons pour base une *représentation* quelconque de R sur S. Nous allons montrer qu'il en résulte une représentation déterminée de X sur M, et cela de la manière suivante :

A tous les éléments de X qui appartiennent à l'ensemble R, nous ferons correspondre les éléments de M qui appartiennent aussi à S et précisément ceux qui leur correspondaient dans la représentation de R sur S.

Mais si x_0 est un élément de X n'appartenant pas à R, on peut le considérer comme l'élément limite d'une série fondamentale $\{x_\nu\}$ contenue dans X et qui peut être remplacée par une série fondamentale $\{r_{\varkappa_\nu}\}$ qui lui est liée et qui est contenue dans R. A cette dernière série correspond une série fondamentale $\{s_{\lambda_\nu}\}$ de S et de M qui, en vertu de 1°, est limitée par un élément m_0 de M qui n'appartient pas à S (F, § 10). Cet élément m_0 de M (qui reste le même lorsqu'on remplace les séries fondamentales $\{x_\nu\}$ et $\{r_{\varkappa_\nu}\}$ par une autre quelconque de limite x_0 [E, C, D, § 10]) sera l'image de x_0. Inversement, on fait correspondre à tout élément m_0 de M qui n'appartient pas à S, un élément bien déterminé x_0 de X qui n'appartient pas à R et dont m_0 est l'image.

De cette manière, on établit entre X et M une correspondance biuniforme dont il faut montrer qu'elle est une *application* des deux ensembles.

Cela est immédiat pour les éléments de X et de M qui appartiennent respectivement aux ensembles R et S.

Comparons maintenant un élément r de R à un élément x_0 de X qui n'appartient pas à R; soient s et m_0 les éléments correspondants de M.

Si $r < x_0$, il y a une série fondamentale ascendante $\{r_{\varkappa_\nu}\}$ qui est limitée par x_0 et il existe un certain nombre ν_0 tel que

$$r < r_{\varkappa_\nu} \quad \text{pour } \nu \gtreqless \nu_0.$$

L'image de $\{r_{\varkappa_\nu}\}$ dans M est une série fondamentale ascendante $\{s_{\lambda_\nu}\}$ qui est limitée dans M par m_0 et l'on a (§ 10): 1° $s_{\lambda_\nu} \prec m_0$ pour toute valeur de ν; 2° $s \prec s_{\lambda_\nu}$ pour $\nu \geqq \nu_0$; donc (§ 7) $s \prec m_0$.

Si $r > x_0$, on trouve de même $s \succ m_0$.

Si nous considérons enfin deux éléments x_0 et x'_0 de X qui n'appartiennent pas à R, et les deux éléments correspondants de M, m_0 et m'_0, on montre par des considérations analogues que lorsque $x_0 < x'_0$, on a aussi $m_0 \prec m'_0$.

La démonstration de la similitude de X et de M est donc faite et l'on a :

$$\overline{M} = \theta.$$

Halle, mars 1895.

2me ARTICLE[1]

§ 12.

Parmi les ensembles simplement ordonnés, il convient de donner une place toute particulière aux *ensembles bien ordonnés (wohlgeordnete Menge);* leurs types ordinaux, que nous nommerons *nombres ordinaux (Ordnungszahl)*, donnent l'élément naturel d'une définition précise des puissances ou nombres cardinaux transfinis supérieurs. Cette définition est tout à fait conforme à celle que le système de tous les nombres entiers ν nous donna pour le plus petit nombre cardinal transfini alef-zéro.

Nous disons qu'un ensemble simplement ordonné F (§ 7) est *bien ordonné* lorsque ses éléments f *s'échelonnent* à partir d'un élément f_1, dans une succession déterminée, de telle sorte que les deux conditions suivantes soient remplies :

I. *Il y a dans* F *un élément initial ou de rang le plus bas,* f_1.

II. *Si* F' *est une partie de* F, *et si* F *possède un ou plusieurs éléments de rang plus élevé que tous les éléments de* F', *il existe un élément* f' *de* F *qui suit immédiatement l'ensemble* F', *de sorte qu'il n'y ait dans* F *aucun élément que son rang place entre* F' *et* f' [2].

En particulier, tout élément f de F qui n'est pas l'élément d'ordre le plus élevé, est suivi d'un autre élément déterminé f' de rang immédiatement supérieur; ceci résulte de la condi-

---

[1] Publié dans les *Mathematische Annalen*. Bd. 49, p. 207-246.

[2] Sauf les termes employés, cette définition coïncide tout à fait avec celle qui fut donnée dans le volume XXI des *Math. Annalen*, p. 548 (*Grundlagen e allgem. Mannigfaltigkeitslehre*, p. 4).

tion II lorsqu'on choisit pour F′ l'élément unique f. De plus, s'il existe dans F une suite infinie d'éléments échelonnés

$$e' \prec e'' \prec e''' \ldots e^{(\nu)} \prec e^{(\nu+1)} \ldots$$

telle qu'il y ait dans F des éléments de rang supérieur à celui de tous les $e^{(\nu)}$ et si l'on prend pour F′ l'ensemble $\{e^{(\nu)}\}$, la condition II affirme l'existence d'un élément f' possédant les deux propriétés suivantes : 1° $f' \succ e^{(\nu)}$ pour toutes les valeurs de ν ; 2° il n'y a dans F aucun élément g tel que l'on ait à la fois

$$g \prec f' \qquad g \succ e^{(\nu)}$$

pour toutes les valeurs de ν.

Par exemple, les trois ensembles

$$(a_1, a_2, \ldots, a_\nu, \ldots)$$
$$(a_1, a_2, \ldots, a_\nu, \ldots, b_1, b_2, \ldots, b_\mu, \ldots)$$
$$(a_1, a_2, \ldots, a_\nu, \ldots, b_1, b_2, \ldots, b_\mu, \ldots, c_1, c_2, c_3),$$

où

$$a_\nu \prec a_{\nu+1} \prec b_\mu \prec b_{\mu+1} \prec c_1 \prec c_2 \prec c_3$$

sont bien ordonnés. Les deux premiers n'ont pas d'élément supérieur, le troisième a l'élément supérieur c_3 ; dans le deuxième et le troisième, l'élément b_1 vient immédiatement après tous les a_ν ; dans le troisième, l'élément c_1 vient immédiatement après tous les a_ν et b_μ.

Dans la suite, nous étendrons à des groupes d'éléments la signification des signes $\prec$ et $\succ$, introduits au § 7 pour marquer la position relative de deux éléments ; ainsi les formules

$$M \prec N$$
$$M \succ N$$

exprimeront respectivement que, dans un ordre de succession donné, tous les éléments de l'ensemble M ont des rangs inférieurs ou supérieurs à ceux des éléments de l'ensemble N.

A. *Toute partie* F_1 *d'un ensemble bien ordonné* F *a un élément initial.*

Démonstration.— Si l'élément initial f_1 de F appartient à F_1, il en est en même temps l'élément initial. S'il n'en est pas ainsi, soit F' l'ensemble de tous les éléments de F qui ont un rang inférieur à celui de tous les éléments de F_1 ; il n'y a aucun élément de F entre F' et F_1.

L'élément f' qui, d'après II, suit immédiatement F', appartient donc nécessairement à F_1 et en est l'élément initial.

B. *Si un ensemble simplement ordonné* F *est tel que* F *et toutes ses parties ont un élément initial,* F *est un ensemble bien ordonné.*

Démonstration.— La condition I est remplie puisque F a un élément initial.

Soit F' une partie de F telle qu'il y ait dans F un ou plusieurs éléments $\succ$ F' ; l'ensemble F_1 de tous ces éléments a un élément initial f' qui suit immédiatement l'ensemble F'. La condition II est donc remplie et par suite F est un ensemble bien ordonné.

C. *Toute partie* F' *d'un ensemble bien ordonné est aussi un ensemble bien ordonné.*

Démonstration.— D'après le théorème A, F' et toute partie F'' de F' (qui est également partie de F) a un élément initial ; F' est donc, d'après le théorème B, un ensemble bien ordonné.

D. *Tout ensemble* G *semblable à un ensemble bien ordonné* F *est aussi un ensemble bien ordonné.*

Démonstration. — Il résulte immédiatement de la définition de la similitude (§ 7) que tout ensemble N, semblable à un ensemble M ayant un élément initial, possède aussi un élément initial.

Puisque G est semblable à F et que F, comme ensemble bien ordonné, a un élément initial. il en est de même de G.

De même, chaque partie G' de G a un élément initial ; car une application de G sur F fait correspondre à l'ensemble G' une partie F' de F.

$$G' \simeq F'.$$

Mais F′ a, d'après le théorème A, un élément initial; il en est de même pour G′. Ainsi G et toutes ses parties G′ ont un élément initial; d'après le théorème B, c'est donc un ensemble bien ordonné.

E. *Si dans un ensemble bien ordonné* G *on substitue, à la place de tous ses éléments g, des ensembles bien ordonnés* F_g *de sorte que si* $g \prec g'$, *on ait aussi* $F_g \prec F_{g'}$, *l'ensemble* H *obtenu de cette manière par la réunion de tous les ensembles* F_g *est un ensemble bien ordonné.*

Démonstration. — H, ainsi que toute partie H_1 de H, a un élément initial, ce qui, d'après le théorème B, caractérise H comme ensemble bien ordonné. En effet, si g_1 est l'élément initial de G, l'élément initial de F_{g_1} sera aussi l'élément initial de H.

De plus, les éléments d'une partie H_1 de H appartiennent à des ensembles F_g déterminés qui, pris ensemble, forment une partie de l'ensemble bien ordonné $\{F_g\}$, composé de tous les éléments F_g, et semblable à l'ensemble G; si F_{g_0} est l'élément initial de cette partie, l'élément initial de la partie H_1 contenue dans F_{g_0} est aussi élément initial de H_1.

§ 13. — *Les segments des ensembles bien ordonnés.*

Soit f un élément différent de l'élément initial f_1 de l'ensemble bien ordonné F; l'ensemble A de tous les éléments de F qui sont $\prec f$ sera nommé un *segment de* F (*Abschnitt von* F) et, d'une façon plus précise, le segment de F déterminé par l'élément f. Au contraire, l'ensemble R de tous les autres éléments de F, y compris f, sera appelé le *reste de* F, ou mieux le reste de F déterminé par l'élément f. Le théorème C, § 12, prouve que les ensembles A et R sont bien ordonnés, et nous pouvons écrire, en vertu des § 8 et 12,

(1) $$F = (A, R)$$

(2) $$R = (f, R')$$

(3) $$A \prec R.$$

R′ est la partie de R qui suit l'élément initial f et se réduit à zéro, dans le cas où R n'a pas d'autre élément que f.

Si nous prenons, par exemple, l'ensemble bien ordonné

$$F = (a_1, a_2, \ldots, a_\nu, \ldots, b_1, b_2, \ldots, b_\mu, \ldots, c_1, c_2, c_3)$$

l'élément a_3 détermine le segment

$$(a_1, a_2)$$

et le reste

$$(a_3, a_4, \ldots, a_{\nu+2}, \ldots, b_1, b_2, \ldots, b_\mu, \ldots, c_1, c_2, c_3);$$

l'élément b_1 détermine le segment

$$(a_1, a_2, \ldots, a\ , \ldots)$$

et le reste

$$(b_1, b_2, \ldots, b_\mu, \ldots, c_1, c_2, c_3);$$

enfin l'élément c_2 détermine le segment

$$(a_1, \ldots, a_2, \ldots, a_\nu, \ldots, b_1, b_2, \ldots, b_\mu, \ldots, c_1)$$

et le reste

$$(c_2, c_3)$$

Si A et A′ sont deux segments de F déterminés respectivement par les deux éléments f et f', tels que

(4) $$f' \prec f$$

A′ est un segment de A

Nous nommerons alors A′ *le plus petit* et A *le plus grand* segment de F

(5) $$A' < A.$$

Dans le même sens nous pouvons dire aussi de A qu'il est plus petit que F.

(6) $$A < F.$$

A. *Si deux ensembles bien ordonnes semblables* F *et* G, *sont appliqués l'un sur l'autre, à chaque segment* A *de* F *correspond un segment semblable* B *de* G, *et à chaque segment* B *de* G *un segment semblable* A *de* F, *et les éléments* f *et* g, *qui déterminent les segments* A *et* B *ainsi appliqués, se correspondent toujours l'un à l'autre dans l'application.*

Démonstration. — Supposons que l'on ait appliqué l'un sur l'autre deux ensembles simplement ordonnés semblables M et N; soient m et n deux éléments correspondants, M′ l'ensemble de tous les éléments de M qui sont $\prec m$, N′ l'ensemble de tous les éléments de N qui sont $\prec n$; dans ces conditions, l'application fait correspondre M′ et N′. Car, à chaque élément m' de M, qui est $\prec m$, doit correspondre (§ 7) un élément n' de N qui est $\prec n$, et réciproquement.

Si l'on applique ce théorème général aux ensembles bien ordonnés F et G, on obtient la proposition à démontrer.

B. *Un ensemble bien ordonné* F *n'est semblable à aucun de ses segments* A.

Supposons que $F \simeq A$, et considérons une application de F sur A. D'après le théorème A, le segment A de F aura pour image un segment A′ de A, tel que $A' \simeq A$. On aurait donc ainsi $A' \simeq F$ et $A' < A$. Par le même procédé on déduirait de A′ un segment plus petit $A'' \simeq F$ et $A'' < A'$ et ainsi de suite. Nous obtiendrions ainsi une série *nécessairement infinie*

$$A > A' > A'' \ldots A^{(\nu)} > A^{(\nu+1)} \ldots$$

de segments de F devenant de plus en plus petits, mais toujours semblables à l'ensemble F.

En désignant par $f, f', f'', \ldots, f^{(\nu)} \ldots$, les éléments qui déterminent ces segments, nous aurions

$$f \succ f' \succ f'' \ldots f^{(\nu)} \succ f^{(\nu+1)} \ldots$$

et par suite la série infinie

$$(f, f', f'', \ldots, f^{(\nu)}, \ldots)$$

formerait une partie de F où aucun élément n'aurait le rang le plus bas.

Mais, d'après le théorème A, § 12, de telles parties de F *ne peuvent exister*. L'hypothèse d'une application de F sur l'un de ses segments conduit donc à une contradiction, et par suite l'ensemble F n'est semblable à aucun de ses segments.

Mais si, d'après le théorème B, un ensemble bien ordonné n'est semblable à aucun de ses segments, il y a toujours, si F est *infini*, *d'autres parties* de F qui lui sont semblables. Par exemple, l'ensemble

$$(a_1, a_2, \ldots, a_\nu, \ldots)$$

est semblable à l'un quelconque de ses restes.

$$(a_{x+1}, a_{x+2}, \ldots, a_{x+\nu}, \ldots)$$

Il est d'ailleurs remarquable que nous puissions adjoindre à la proposition B la suivante :

C. *Un ensemble bien ordonné* F *n'est semblable à aucune partie de l'un quelconque de ses segments* A.

Démonstration. — Supposons que F′ soit une partie d'un segment A de F, et que $F' \simeq F$. Considérons une application de F sur F′; d'après le théorème A, le segment A de F aura pour image un segment F″ de l'ensemble bien ordonné F′; ce segment serait déterminé par l'élément f' de F′. Mais f' est aussi élément de A et détermine un segment A′ de A, dont F″ est une partie.

L'hypothèse de l'existence d'une partie F′ d'un segment A de F, telle que $F' \simeq F$, nous permet donc de construire une partie F″ d'un segment A′ de A, telle que $F'' \simeq A$.

Ce procédé de déduction nous donne ensuite une partie F‴ d'un segment A″ de A′, telle que $F''' \simeq A'$. Nous obtenons ainsi, en poursuivant, comme dans la démonstration du théorème B, une série nécessairement infinie de segments de F devenant de plus en plus petits

$$A > A' > A'' \ldots A^{(\nu)} > A^{(\nu+1)} \ldots$$

Dans la suite infinie des éléments qui déterminent ces segments

$$f \succ f' \succ f'' \ldots f^{(\nu)} \succ f^{(\nu+1)} \ldots$$

aucun élément n'aurait le rang le plus bas, ce qui est impossible d'après le théorème A, § 12. Il n'y a donc aucune partie F' d'un segment A de F, telle que $F' \simeq F$.

D. *Deux segments différents* A *et* A' *d'un ensemble bien ordonné* F *ne sont jamais semblables.*

Démonstration. — Si $A' < A$, A' est un segment de l'ensemble bien ordonné A, et par suite ne peut lui être semblable (théorème B).

E. *Deux ensembles bien ordonnés semblables* F *et* G *ne sont applicables l'un sur l'autre que d'une seule manière.*

Démonstration. — Supposons qu'il y ait deux applications différentes de F sur G, et soit f un élément de F, à qui correspondraient, par les deux applications, des images g et g' différentes dans G. Soient A le segment de F déterminé par f, B et B' les segments de G déterminés par g et g'. Le théorème A prouve que

$$A \simeq B \quad \text{et} \quad A \simeq B' ;$$

donc on aurait aussi $B \simeq B'$, ce qui est contraire au théorème D.

F. *Si* F *et* G *sont deux ensembles bien ordonnés, un segment* A *de* F *ne peut avoir plus d'un segment* B *à lui semblable dans* G.

Démonstration. — S'il y avait dans G deux segments B et B' semblables au segment A de F, les segments B et B' seraient aussi semblables, ce qui est contraire au théorème D.

G. *Si* A *et* B *sont deux segments semblables de deux ensembles bien ordonnés* F *et* G, *tout segment* A' *de* F *plus petit que* A ($A' < A$) *est semblable à un segment* B' *de* G *plus petit que* B ($B' < B$), *et inversement.*

La démonstration résulte du théorème A appliqué aux deux ensembles semblables A et B.

H. *Si* A *et* A' *sont deux segments d'un ensemble bien ordonné* F, *et* B *et* B' *les segments à eux semblables d'un ensemble bien ordonné* G, *la condition* $A' < A$ *entraîne* $B' < B$.

La démonstration résulte des théorèmes F et G.

I. *Si un segment* B *d'un ensemble bien ordonné* G *n'est semblable à aucun segment d'un ensemble bien ordonné* F, *il en est de même pour tout segment* $B' > B$ *de* G *et pour* G *lui-même.*

La démonstration résulte du théorème G.

K. *Si chaque segment* A *d'un ensemble bien ordonné* F *est semblable à un segment déterminé* B *de l'ensemble bien ordonné* G, *et si chaque segment* B *de* G *est semblable à un segment* A *de* F, *les deux ensembles* F *et* G *sont semblables* ($F \simeq G$).

Démonstration. — Nous pouvons appliquer F et G l'un sur l'autre d'après la loi suivante :

L'élément initial f_1 de F correspondra à l'élément initial g_1 de G. Un autre élément $f \succ f_1$ détermine un segment A de F, auquel correspond par hypothèse un segment semblable unique B de G; l'élément g de G qui détermine le segment B sera l'image de f. De même un élément $g \succ g_1$ détermine dans G un segment B, auquel correspond par hypothèse un segment semblable unique A de F; l'élément f de F, qui détermine le segment A sera l'image de g.

Il est facile de voir que la correspondance biuniforme de F et G, définie de cette manière, est une application au sens du § 7.

Si f et f' sont deux éléments arbitraires de F, g et g' les éléments qui leur correspondent dans G, A, A', B et B' les segments déterminés respectivement par f, f', g, g', la condition

$$f' \prec f \quad \text{ou} \quad A' < A$$

entraîne, d'après le théorème H,

$$B' < B$$

et par suite

$$g' \prec g.$$

L. *Si chaque segment* A *d'un ensemble bien ordonné* F *est semblable à un segment déterminé* B *d'un ensemble bien ordonné* G, *et si, au contraire, il y a au moins un segment de* G *qui ne soit semblable à aucun segment de* F, *il existe un segment déterminé* B_1 *de* G, *tel que* $B_1 \simeq F$.

Démonstration. — Considérons l'ensemble de tous les segments de G qui ne sont semblables à aucun segment de F; parmi eux il doit y en avoir un plus petit que tous les autres que nous nommons B_1. Ceci résulte de ce que, d'après le théorème A, § 12, l'ensemble des éléments qui déterminent tous ces segments, possède un élément de rang le plus bas; le segment B_1 de G qu'il détermine, est plus petit que tous les autres. D'après le théorème I, chaque segment de G qui est $> B_1$, n'admet dans F aucun segment semblable; par suite, tous les segments B de G, qui ont dans F des segments semblables, sont tous plus petits que B_1 et même à tout segment $B < B_1$ correspond un segment semblable A de F, puisque B_1 est le plus petit segment de G qui n'est semblable à aucun segment de F.

Ainsi tout segment A de F est semblable à un segment B de B_1, et tout segment B de B_1 à un segment A de F; d'après le théorème K, on a donc

$$F \simeq B_1.$$

M. *Si l'un au moins des segments de l'ensemble bien ordonné* G, *n'est semblable à aucun segment de l'ensemble bien ordonné* F, *tout segment* A *de* F *est semblable à un segment* B *de* G.

Démonstration. — Soit B_1 le plus petit segment de G auquel ne correspond aucun segment semblable dans F. (Voir la démonstration de L.) S'il y avait dans F des segments n'admettant dans G aucun segment semblable, l'un d'eux serait plus petit que tous les autres, nous le nommons A_1. A chaque segment de A_1 correspondrait alors un segment semblable de B_1 et à chaque segment de B_1 un segment semblable de A_1. Donc, d'après le théorème K,

$$B_1 \simeq A_1.$$

Mais ceci est contraire à l'hypothèse qu'aucun segment de F n'est semblable à B_1. Il ne peut donc y avoir dans F aucun segment qui ne corresponde à un segment semblable de G.

N. *Si* F *et* G *sont deux ensembles bien ordonnés, il peut se présenter trois cas : 1°* F *et* G *sont semblables; 2° un segment déterminé* B_1 *de* G *est semblable à* F; *3° un segment déterminé* A_1 *de* F *est semblable à* G. *Chacun de ces cas exclut les deux autres.*

Démonstration. — F peut se comporter de trois façons différentes relativement à G :

1° Tout segment A de F est semblable à un segment B de G et inversement;

2° Tout segment A de F est semblable à un segment B de G; par contre, un segment de G au moins, n'est semblable à aucun segment de F;

3° Tout segment B de G est semblable à un segment A de F; par contre, un segment de F au moins, n'est semblable à aucun segment de G.

Le cas où un segment de F n'est semblable à aucun segment de G, et aussi un segment de G n'est semblable à aucun segment de F, est exclu par le théorème M.

Dans le premier cas, le théorème K montre que

$$F \simeq G.$$

Dans le deuxième cas, le théorème L affirme qu'il y a un segment B_1 de G tel que

$$B_1 \simeq F$$

et dans le troisième cas, qu'il y a un segment A_1 de F tel que

$$A_1 \simeq G.$$

Mais on ne peut avoir en même temps $F \simeq G$ et $F \simeq B_1$, car il en résulterait $G \simeq B_1$, ce qui est contraire au théorème B; de même, on ne peut avoir à la fois $F \simeq G$ et $G \simeq A_1$.

De même aussi, l'existence simultanée de $F \simeq B_1$ et $G \simeq A_1$ est impossible; car, d'après le théorème A, la condition $F \simeq B_1$ entraîne l'existence d'un segment B'_1 de B_1 tel que $A_1 \simeq B'_1$. Nous aurions donc aussi $G \simeq B'_1$, ce qui est contraire au théorème B.

O. *Si une partie* F′ *d'un ensemble bien ordonné* F *n'est semblable à aucun segment de* F, *elle est semblable à* F *lui-même.*

Démonstration. — D'après le théorème C, § 12, F′ est un ensemble bien ordonné. Si F′ n'était semblable ni à F, ni à une partie de F, il y aurait, d'après le théorème N, un segment F'_1 de F′ qui serait semblable à F. Mais F'_1 est une partie de ce segment A de F qui est déterminé par l'élément qui détermine le segment F'_1 de F. Par suite, l'ensemble F devrait être semblable à une partie d'un de ses segments, ce qui est contraire au théorème C.

§ 14. — *Les nombres ordinaux des ensembles bien ordonnés.*

D'après le § 7, chaque ensemble simplement ordonné M a un type ordinal déterminé $\overline{M}$; c'est le concept général qui résulte de M lorsque, en tenant compte de l'ordre de succession des éléments, on fait abstraction de leur nature, de sorte qu'ils deviennent de simples unités ayant des positions relatives déterminées. *Tous les ensembles semblables entre eux, et seulement ceux-ci, possèdent le même type ordinal.*

Le type ordinal d'un ensemble bien ordonné F sera nommé un *nombre ordinal (Ordnungszahl).*

Si α et β sont deux nombres ordinaux arbitraires, ils peuvent se comporter, l'un par rapport à l'autre, de trois façons différentes. Soient, en effet, deux ensembles bien ordonnés F et G, tels que

$$\overline{F} = \alpha \quad \overline{G} = \beta;$$

d'après le théorème N, § 13, trois cas, s'excluant l'un l'autre, peuvent se présenter :

1° $$F \simeq G.$$

2° Il y a un segment déterminé B_1 de G, tel que

$$F \simeq B_1.$$

3° Il y a un segment déterminé A_1 de F, tel que

$$G \simeq A_1.$$

Comme on le voit facilement, ces relations sont encore conservées lorsque F et G sont remplacés par des ensembles respectivement semblables F′ et G′; il en résulte que les types α et β ont, l'un relativement à l'autre, trois positions qui s'excluent mutuellement.

Dans le premier cas, $\alpha = \beta$; *dans le deuxième, nous dirons que* α *est* $< \beta$; *dans le troisième que* α *est* $> \beta$.

Nous obtenons ainsi le théorème :

A. *Si* α *et* β *sont deux nombres ordinaux quelconques, l'on a : ou* $\alpha = \beta$, *ou* $\alpha < \beta$, *ou* $\alpha > \beta$.

De la définition de ces relations de grandeur, il résulte facilement :

B. *Si l'on a trois nombres ordinaux,* α, β, γ, *tels que* $\alpha < \beta$, $\beta < \gamma$, *on a aussi* $\alpha < \gamma$.

Les nombres ordinaux forment ainsi, rangés par ordre de grandeur, un ensemble simplement ordonné; nous montrerons plus tard que c'est un ensemble *bien ordonné.*

Les opérations de l'addition et de la multiplication des types ordinaux des ensembles simplement ordonnés, que nous avons définis au § 8, sont évidemment applicables aux nombres ordinaux.

Si $\alpha = \overline{F}$ et $\beta = \overline{G}$, où F et G sont deux ensembles bien ordonnés, on a :

$$(1) \qquad \alpha + \beta = \overline{(F, G)}.$$

L'ensemble-somme (F, G) est évidemment un ensemble bien ordonné ; nous avons ainsi le théorème :

C. *La somme de deux nombres ordinaux est toujours un nombre ordinal.*

Dans la somme $\alpha + \beta$, α s'appelle l'*augendus* et β l'*addendus*.

Puisque F est un segment de (F, G), on a toujours :

$$(2) \qquad \alpha < \alpha + \beta.$$

Par contre, G n'est pas un segment, mais un reste de (F, G) ; il peut donc, comme nous l'avons vu au § 13, être semblable à l'ensemble (F, G) ; si cela n'est pas, G est semblable à un segment de (F, G), d'après le théorème O, § 13. Donc

$$(3) \qquad \beta \leq \alpha + \beta.$$

Nous avons ainsi :

D. *La somme de deux nombres ordinaux est toujours supérieure à l'augendus et supérieure ou égale à l'addendus. L'égalité* $\alpha + \beta = \alpha + \gamma$ *entraîne toujours* $\beta = \gamma$.

En général, $\alpha + \beta$ et $\beta + \alpha$ ne sont pas égaux. Au contraire, si γ est un troisième nombre ordinal, on a :

$$(4) \qquad (\alpha + \beta) + \gamma = \alpha + (\beta + \gamma),$$

c'est-à-dire :

E. *La loi associative gouverne l'addition des nombres ordinaux.*

Si dans l'ensemble G de type β, on remplace chaque élément g par un ensemble F_g de type α, on obtient un ensemble *bien ordonné* H (th. E, § 12) dont le type est complètement déterminé par les types α et β et est appelé le produit $\alpha.\beta$.

$$\overline{\overline{F_g}} = \alpha; \tag{5}$$

$$\alpha.\beta = \overline{\overline{H}}. \tag{6}$$

F. *Le produit de deux nombres ordinaux est toujours un nombre ordinal.*

Dans le produit $\alpha.\beta$, α s'appelle le *multiplicande*, β le *multiplicateur*.

En général, $\alpha.\beta$ *et* $\beta.\alpha$ *ne sont pas égaux.* Mais on a (§ 8) :

$$(\alpha.\beta).\gamma = \alpha.(\beta.\gamma), \tag{7}$$

c'est-à-dire :

G. *La loi associative gouverne la multiplication des nombres ordinaux.*

La loi distributive n'est applicable, en général, que sous la forme suivante :

$$\alpha.(\beta + \gamma) = \alpha\beta + \alpha\gamma. \tag{8}$$

Quant à la grandeur du produit, on voit facilement que :

H. *Si le multiplicateur est plus grand que* 1, *le produit de deux nombres ordinaux est toujours supérieur au multiplicande et supérieur ou égal au multiplicateur. L'égalité* $\alpha\beta = \alpha\gamma$ *entraîne toujours* $\beta = \gamma$.

D'ailleurs, on a évidemment :

$$\alpha.1 = 1.\alpha = \alpha. \tag{9}$$

Parlons maintenant de l'opération de la soustraction. Si α et β sont deux nombres ordinaux tels que $\alpha < \beta$, il existe toujours un nombre ordinal déterminé, que nous nommons $\beta - \alpha$ et qui vérifie l'équation

$$\alpha + (\beta - \alpha) = \beta. \tag{10}$$

Car si $G = \beta$, il y a dans G un segment B tel que $\overline{\overline{B}} = \alpha$; en nommant S le reste correspondant, nous avons :

$$G = (B, S),$$
$$\beta = \alpha + \overline{\overline{S}},$$

et ainsi

$$(11) \qquad \beta - \alpha = \overline{\overline{S}}.$$

La détermination de $\beta - \alpha$ résulte de ce que le segment B de G, et par suite le reste S, sont parfaitement déterminés (th. D, § 13).

Nous déduisons encore des formules (4), (8), (10) les suivantes :

$$(12) \qquad (\gamma + \beta) - (\gamma + \alpha) = \beta - \alpha ;$$
$$(13) \qquad \gamma(\beta - \alpha) = \gamma\beta - \gamma\alpha.$$

Il est à remarquer que l'on peut toujours faire la somme d'un nombre infini de nombres ordinaux ; cette somme est un nombre ordinal déterminé, dépendant de l'ordre de succession des ensembles sommés.

Soit par exemple

$$\beta_1, \beta_2, \ldots, \beta_\nu, \ldots$$

une suite simplement infinie quelconque de nombres ordinaux :

$$(14) \qquad \beta_\nu = \overline{\overline{G_\nu}}$$

l'ensemble

$$(15) \qquad G = (G_1, G_2, \ldots, G_\nu, \ldots)$$

est un ensemble bien ordonné (th. E, § 12) dont le nombre ordinal β représente la somme des β_ν. Nous avons ainsi :

$$(16) \qquad \beta_1 + \beta_2 + \ldots + \beta_\nu + \ldots = \overline{\overline{G}} = \beta,$$

et l'on a toujours, comme il résulte facilement de la définition du produit :

$$(17) \quad \gamma(\beta_1 + \beta_2 + \ldots + \beta_\nu + \ldots) = \gamma\beta_1 + \gamma\beta_2 + \ldots + \gamma\beta_\nu + \ldots$$

En posant

$$(18) \qquad \alpha_\nu = \beta_1 + \beta_2 + \dots + \beta_\nu,$$

il vient

$$(19) \qquad \alpha_\nu = \overline{(G_1, G_2, \dots, G_\nu)}.$$

De plus

$$(20) \qquad \alpha_{\nu+1} > \alpha_\nu$$

et les nombres β_ν s'expriment d'après (10), à l'aide des nombres α comme il suit :

$$(21) \qquad \beta_1 = \alpha_1 \qquad \beta_{\nu+1} = \alpha_{\nu+1} - \alpha_\nu.$$

La série

$$\alpha_1, \alpha_2, \dots, \alpha_\nu, \dots$$

est une série infinie *quelconque* de nombres ordinaux qui remplissent la condition (20); nous l'appellerons une *série fondamentale* de nombres ordinaux; la relation qui l'unit à β peut s'exprimer de la manière suivante :

1° β est $> \alpha_\nu$ pour toutes valeurs de ν, car l'ensemble $(G_1, G_2, \dots, G_\nu)$, dont le nombre ordinal est α_ν, est un segment de l'ensemble G qui a le nombre ordinal β.

2° Si β' est un nombre ordinal *quelconque* $< \beta$, on a toujours, à partir d'une certaine valeur de ν,

$$\alpha_\nu > \beta'$$

car si β' est $< \beta$, il y a dans l'ensemble G un segment B′ de type β'. L'élément qui détermine ce segment doit appartenir à l'une des parties G_ν, soit G_{ν_0}. Mais alors B′ est aussi segment de $(G_1, G_2, \dots, G_{\nu_0})$ et par suite

$$\beta' < \alpha_{\nu_0}$$

Donc $\alpha_\nu > \beta'$ pour $\nu \geqq \nu_0$.

Ainsi β *est le nombre immédiatement supérieur à tous les* α_ν; nous le nommerons la limite de α_ν pour ν croissant indéfiniment et le désignerons par lim. α_ν, de sorte que, d'après (16) et (21) :

$$(22) \quad \lim. \alpha_\nu = \alpha_1 + (\alpha_2 - \alpha_1) + (\alpha_3 - \alpha_2) + \dots + (\alpha_{\nu+1} - \alpha_\nu) + \dots$$

Nous pouvons rassembler tout ce qui précède dans l'énoncé suivant :

I. *A chaque série fondamentale* $\{\alpha_\nu\}$ *de nombres ordinaux correspond un nombre ordinal lim.* α_ν, *qui est immédiatement supérieur à tous les* α_ν; *il est représenté par la formule* (22).

Si γ désigne un nombre ordinal fixe, on démontre facilement, avec l'aide des formules (12), (13) et (17), les théorèmes contenus dans les formules suivantes :

$$\lim.(\gamma + \alpha_\nu) = \gamma + \lim \alpha_\nu; \tag{23}$$

$$\lim.\gamma\alpha_\nu = \gamma . \lim.\alpha_\nu. \tag{24}$$

Nous avons déjà mentionné au § 7 que tous les ensembles simplement ordonnés de nombre cardinal *fini* ν ont le même type d'ordre ν. La démonstration est la suivante. Tout ensemble simplement ordonné de nombre cardinal *fini* est un ensemble *bien ordonné;* car il doit, ainsi que toutes ses parties, avoir un élément initial, ce qui (th. B, § 12) caractérise un ensemble bien ordonné.

Les types des ensembles simplement ordonnés finis ne sont donc pas autre chose que les *nombres ordinaux finis*. Un même nombre cardinal ν ne peut correspondre à deux nombres ordinaux différents α et β. Si, en effet, α est $< \beta$ et $\overline{G} = \beta$, il existe, comme nous le savons, un segment B de G tel que $\overline{B} = \alpha$.

L'ensemble G et sa partie B auraient donc le même nombre cardinal, ce qui est impossible (th. C, § 6).

Les *nombres ordinaux finis* coïncident donc dans leurs propriétés avec les *nombres cardinaux finis*. Il en est tout autrement pour les *nombres ordinaux transfinis;* à un même nombre cardinal a correspond un nombre infini de nombres ordinaux formant un système que nous nommons la classe numérique Z (a). C'est une partie de la classe de types [a] (§ 7).

La classe numérique Z ($\aleph_0$), que nous nommerons la

deuxième classe numérique, sera l'objet immédiat de notre étude.

La *première classe numérique* est formée par l'ensemble $\{\nu\}$ de tous les nombres ordinaux finis.

§ 15. — *Les nombres de la deuxième classe numérique* $Z(\aleph_0)$.

La deuxième classe numérique $Z(\aleph_0)$ *est l'ensemble* $\{\alpha\}$ *de tous les types ordinaux des ensembles bien ordonnés de nombre cardinal* $\aleph_0$.

A. *La deuxième classe numérique a un nombre plus petit que tous les autres* $\omega = \lim.\ \nu$.

Démonstration. — ω est le type de l'ensemble bien ordonné

$$(1) \qquad F_0 = (f_1, f_2, \ldots, f_\nu, \ldots)$$

où ν parcourt tous les nombres ordinaux finis, et

$$(2) \qquad f_\nu \prec f_{\nu+1}.$$

On a ainsi (§ 7)

$$(3) \qquad \omega = \overline{F_0}$$

et (§ 6)

$$(4) \qquad \overline{\overline{\omega}} = \aleph_0.$$

ω est donc un nombre de la deuxième classe et c'est précisément le plus petit. Car si γ est un nombre ordinal quelconque $< \omega$, il doit être le type d'un segment de F_0 (§ 14). Mais les segments de F_0

$$A = (f_1, f_2, \ldots, f_\nu)$$

ont un nombre ordinal fini ν. Donc $\gamma = \nu$.

Il n'y a donc aucun nombre ordinal *transfini* qui soit plus petit que ω; ω est ainsi le plus petit nombre ordinal transfini.

D'après les explications données au § 14, on a évidemment $\omega = \lim. \nu$.

B. *Si α est un nombre de la deuxième classe, le nombre immédiatement supérieur de la même classe est $\alpha + 1$.*

Démonstration. — Soit F un ensemble bien ordonné de type α et de nombre cardinal $\aleph_0$.

$$(5) \qquad \overline{F} = \alpha;$$

$$(6) \qquad \overline{\overline{\alpha}} = \aleph_0.$$

En désignant par g un nouvel élément, nous avons

$$(7) \qquad \alpha + 1 = \overline{(F, g)}.$$

Comme F est un segment de (F, g), nous avons

$$(8) \qquad \alpha + 1 > \alpha.$$

De plus

$$\overline{\overline{\alpha + 1}} = \overline{\overline{\alpha}} + 1 = \aleph_0 + 1 = \aleph_0 \quad (\S\ 6).$$

Le nombre $\alpha + 1$ appartient donc à la deuxième classe. Mais entre α et $\alpha + 1$ il n'y a aucun nombre ordinal; car tout nombre γ qui est $< \alpha + 1$, est le type d'un segment de (F, g) qui ne peut être que F ou un segment de F; γ est donc $\leq \alpha$.

C. *Si $\alpha_1, \alpha_2, \ldots, \alpha_\nu, \ldots$, est une série fondamentale de nombres de la première ou de la deuxième classe, le nombre immédiatement supérieur* lim. α_ν (§ 14) *appartient à la deuxième classe.*

Démonstration. — D'après le § 14, le nombre lim. α_ν se déduit de la série fondamentale $\{\alpha_\nu\}$ de la façon suivante : on forme la série $\beta_1, \beta_2, \ldots, \beta_\nu, \ldots$, telle que

$$\beta_1 = \alpha_1 \qquad \beta_2 = \alpha_2 - \alpha_1, \ldots \qquad \beta_{\nu+1} = \alpha_{\nu+1} - \alpha_\nu, \ldots$$

et l'on considère les ensembles bien ordonnés $G_1, G_2, \ldots, G_\nu$, tels que

$$\overline{G_\nu} = \beta_\nu$$

et enfin l'ensemble

$$G = (G_1, G_2, \ldots, G_\nu, \ldots)$$

qui est aussi bien ordonné. Alors

$$\lim. \alpha_\nu = G.$$

Il s'agit de démontrer que

$$\overline{\overline{G}} = \aleph_0.$$

Mais comme les nombres $\beta_1, \beta_2, \ldots, \beta_\nu, \ldots$, appartiennent à la première ou à la deuxième classe, on a

$$\overline{\overline{G}}_\nu \leq \aleph_0;$$

donc

$$\overline{\overline{G}} \leq \aleph_0 . \aleph_0 = \aleph_0,$$

et puisque G est toujours un ensemble transfini, le cas $\overline{\overline{G}} < \aleph_0$ est exclu.

Deux *séries fondamentales* $\{\alpha_\nu\}$ et $\{\alpha'_\nu\}$ de nombre de la première et de la deuxième classe numérique sont dites *liées* (§ 10) *(zusammengehörig)* et nous écrivons

(9) $$\{\alpha_\nu\} \,||\, \{\alpha'_\nu\}$$

lorsqu'à chaque nombre fini ν, on peut faire correspondre deux nombres λ_0, μ_0, tels que

(10) $$\alpha'_\lambda > \alpha_\nu \quad \text{si} \quad \lambda \geq \lambda_0,$$

(11) $$\alpha_\mu > \alpha'_\nu \quad \text{si} \quad \mu \geq \mu_0.$$

D. *Les nombres lim.* α_ν *et lim.* α'_ν, *correspondant à deux séries fondamentales* $\{\alpha_\nu\}$ et $\{\alpha'_\nu\}$, *sont alors et seulement alors égaux, lorsque* $\{\alpha_\nu\} \,||\, \{\alpha'_\nu\}$.

Démonstration. — Posons pour abréger lim. $\alpha_\nu = \beta$, lim. $\alpha'_\nu = \gamma$.

Supposons d'abord $\{\alpha_\nu\} \,||\, \{\alpha'_\nu\}$; nous affirmons que $\beta = \gamma$. Si en effet β n'était pas égal à γ, on aurait par exemple $\beta < \gamma$. A partir d'un certain nombre ν, α'_ν serait donc plus grand que β (§ 14) et par suite, à partir d'un certain nombre μ, α_μ serait plus grand que β (11). Mais ceci est impossible, puisque $\beta = \lim. \alpha_\nu$ et que l'on a, pour toutes les valeurs de μ, $\alpha_\mu < \beta$.

Réciproquement, si l'on suppose que $\beta = \gamma$, α_ν est constamment plus petit que γ et, par suite, à partir d'un certain nombre λ, $\alpha'_\lambda > \alpha_\nu$; de même, puisque $\alpha'_\nu < \beta$, à partir d'un certain nombre μ, α_μ sera plus grand que α'_ν; donc $\{\alpha_\nu\} \parallel \{\alpha'_\nu\}$.

E. *Si α est un nombre quelconque de la deuxième classe numérique, ν_0 un nombre ordinal fini quelconque, on a : $\nu_0 + \alpha = \alpha$ et par suite $\alpha - \nu_0 = \alpha$.*

Démonstration. — Examinons d'abord le cas où $\alpha = \omega$. Soit

$$\omega = \overline{(f_1, f_2, \dots, f_\nu, \dots)}$$

$$\nu_0 = \overline{(g_1, g_2, \dots, g_{\nu_0})}$$

$$\nu_0 + \omega = \overline{(g_1, g_2, \dots, g_{\nu_0}, f_1, f_2, \dots, f_\nu, \dots)} = \omega.$$

Mais si $\alpha > \omega$, nous avons

$$\alpha = \omega + (\alpha - \omega)$$

$$\nu_0 + \alpha = \nu_0 + \omega + (\alpha - \omega) = \omega + (\alpha - \omega) = \alpha.$$

F. *Si ν_0 est un nombre ordinal fini quelconque, $\nu_0 . \omega = \omega$.*

Démonstration. — Pour obtenir un ensemble de type $\nu_0 \omega$, il faut remplacer les éléments f_ν de l'ensemble $(f_1, f_2, \dots, f_\nu, \dots)$ par des ensembles $(g_{\nu 1}, g_{\nu 2}, \dots, g_{\nu \nu_0})$ de type ν_0. On obtient ainsi l'ensemble

$$(g_{11}, g_{12}, \dots, g_{1\nu_0}, g_{21}, \dots, g_{2\nu_0}, \dots, g_{\nu 1}, \dots, g_{\nu\nu_0}, \dots)$$

qui est évidemment semblable à l'ensemble $\{f_\nu\}$, donc

$$\nu_0 \omega = \omega.$$

On peut aussi le démontrer brièvement comme il suit : on a $\omega = \lim. \nu$ et par suite, d'après (24), § 14,

$$\nu_0 \omega = \lim. \nu_0 \nu.$$

D'ailleurs

$$\{\nu_0\nu\} \parallel \{\nu\}$$

$$\lim.\, \nu_0\nu = \lim.\, \nu = \omega.$$

Donc

$$\nu_0\omega = \omega.$$

G. *Si α est un nombre de la deuxième classe, ν_0 un nombre de la première, on a toujours*

$$(\alpha + \nu_0)\omega = \alpha\omega.$$

Démonstration. — Nous avons

$$\lim.\, \nu = \omega.$$

Donc, d'après (24), § 14,

$$(\alpha + \nu_0)\omega = \lim.\, (\alpha + \nu_0)\nu.$$

Mais on a

$$\begin{aligned}(\alpha + \nu_0)\,\nu &= (\alpha \underset{}{\overset{\overset{1}{\smile}}{+}} \nu_0) + (\alpha \overset{\overset{2}{\smile}}{+} \nu_0) + \ldots + (\alpha \overset{\overset{\nu}{\smile}}{+} \nu_0)\\ &= \alpha + (\overset{\overset{1}{\smile}}{\nu_0 + \alpha}) + (\overset{\overset{2}{\smile}}{\nu_0 + \alpha}) + \ldots + (\overset{\overset{\nu-1}{\smile}}{\nu_0 + \alpha}) + \nu_0\\ &= \alpha + \alpha + \alpha + \ldots + \alpha + \nu_0\\ &= \alpha\nu + \nu_0.\end{aligned}$$

Il est maintenant facile de voir que

$$\{\alpha\nu + \nu_0\} \parallel \{\alpha\nu\}$$

et par suite que

$$(\alpha + \nu_0)\omega = \lim.\, (\alpha\nu + \nu_0) = \lim.\, \alpha\nu = \alpha\omega.$$

H. *Si α est un nombre quelconque de la deuxième classe, l'ensemble $\{\alpha'\}$ de tous les nombres α' des première et deuxième classes qui sont plus petits que α, rangés par ordre de grandeur croissante, est un ensemble bien ordonné de type α.*

Démonstration. — Soit F un ensemble bien ordonné tel que $\overline{\text{F}} = \alpha$, et f_1 l'élément initial de F. Si α' est un nombre ordinal plus petit que α, il y a (§ 14) un segment déterminé A' de F, tel que

$$\overline{A'} = \alpha',$$

et réciproquement chaque segment A' a comme type un nombre $\alpha' < \alpha$ de la première ou de la deuxième classe; car puisque $\overline{\overline{F}} = \aleph_0$, $\overline{\overline{A'}}$ ne peut être qu'un nombre cardinal fini ou $\aleph_0$.

Le segment A' est déterminé par un élément $f' \succ f_1$ de F et réciproquement chaque élément $f' \succ f_1$ de F détermine un segment A' de F. Si les deux éléments f' et $f'' \succ f_1$ déterminent dans F les segments A' et A'' dont les types ordinaux sont α' et α'', la condition $f' \prec f''$ entraîne (§ 13) A' < A'' et par suite $\alpha' < \alpha''$.

Si donc nous posons $F = (f_1, F')$ et si nous faisons correspondre à l'élément f' de F' l'élément α' de $\{\alpha'\}$, nous obtenons une application de ces deux ensembles. Donc

$$\overline{\{\alpha'\}} = \overline{F'}.$$

Mais maintenant $\overline{F'} = \alpha - 1$, et d'après le théorème E, $\alpha - 1 = \alpha$. Donc

$$\overline{\{\alpha'\}} = \alpha.$$

Comme $\overline{\alpha} = \aleph_0$, il en résulte $\overline{\overline{\{\alpha'\}}} = \aleph_0$, ce qui s'énonce :

I. *L'ensemble $\{\alpha'\}$ de tous les nombres α' de la première et de la deuxième classe qui sont plus petits qu'un nombre α de la deuxième classe a le nombre cardinal $\aleph_0$.*

K. *Tout nombre α de la deuxième classe numérique peut s'obtenir ou en ajoutant 1 à un nombre immédiatement inférieur $\underline{\alpha_1}$*

$$\alpha = \underline{\alpha_1} + 1$$

ou en cherchant la limite d'une série fondamentale $\{\alpha_\nu\}$ de nombres de la première ou de la deuxième classe.

$$\alpha = \lim \alpha_\nu.$$

Démonstration. — Soit $\alpha = \overline{\overline{F}}$. Si F a un élément g de rang plus élevé que tous les autres, on a $F = (A, g)$ où A est le segment déterminé par g dans F. C'est alors le premier cas, on a

$$\alpha = \overline{\overline{A}} + 1 = \underline{\alpha_1} + 1.$$

Il existe alors un nombre immédiatement inférieur à α qui est nommé $\underline{\alpha_1}$.

Si F ne possède aucun élément supérieur, considérons l'ensemble $\{\alpha'\}$ de tous les nombres de la première et de la deuxième classe qui sont plus petits que α. Cet ensemble où les éléments sont rangés par ordre de grandeur croissante est semblable à l'ensemble F (th. H); parmi les nombres α', aucun donc n'est supérieur à tous les autres. D'après le théorème I, l'ensemble $\{\alpha'\}$ peut se mettre sous la forme d'une série simplement infinie $\{\alpha'_\nu\}$. Dans cette suite, après le terme α'_1 peuvent se présenter d'abord des termes plus petits $\alpha'_2, \alpha'_3, \ldots$, mais il y aura certainement des termes plus grands; car α'_1 ne peut être plus grand que tous les autres termes puisqu'un tel terme n'existe pas parmi les nombres $\{\alpha'_\nu\}$. Soit α'_{ρ_2} le terme de plus petit indice supérieur à α'_1. Soit de même α'_{ρ_3} le terme de plus petit indice supérieur à α'_{ρ_2}. En poursuivant ainsi, nous obtenons une série infinie de nombres croissants, c'est-à-dire une série fondamentale

$$\alpha'_1, \alpha'_{\rho_2}, \alpha'_{\rho_3}, \ldots, \alpha'_{\rho_\nu}, \ldots$$

Nous avons

$$1 < \rho_2 < \rho_3 < \ldots < \rho_\nu < \rho_{\nu+1}, \ldots$$

$$\alpha'_1 < \alpha'_{\rho_2} < \alpha'_{\rho_3} < \ldots < \alpha'_{\rho_\nu} < \alpha'_{\rho_{\nu+1}} \ldots$$

$$\alpha'_\mu < \alpha'_{\rho_\nu} \quad \text{lorsque} \quad \mu < \rho_\nu$$

et comme évidemment $\nu \leqq \rho_\nu$, nous avons

$$\alpha'_\nu \leqq \alpha'_{\rho_\nu}.$$

Il en résulte que tout nombre α'_ν et par suite tout nombre

$\alpha' < \alpha$ est surpassé par les nombres α'_{ρ_ν} pour des valeurs suffisamment grandes de ν.

Mais α est le nombre immédiatement supérieur à tous les α'; par suite il est aussi le nombre immédiatement supérieur à tous les α'_{ρ_ν}. Donc, si nous posons $\alpha'_1 = \alpha_1$ $\alpha'_{\rho_{\nu+1}} = \alpha_{\nu+1}$, il vient

$$\alpha = \lim. \alpha_\nu.$$

Il résulte des théorèmes B, C, ..., K, que les nombres de la deuxième classe s'engendrent de deux manières à partir des nombres plus petits. Les uns que nous nommerons *nombres de première espèce,* sont obtenus en ajoutant 1 à un nombre immédiatement inférieur

$$\alpha = \underline{\alpha_1} + 1;$$

les autres que nous nommerons *nombres de deuxième espèce,* sont tels *qu'il n'y a pas pour eux de nombre immédiatement inférieur* $\underline{\alpha_1}$; ils sont définis comme limites de séries fondamentales par la formule

$$\alpha = \lim. \alpha_\nu$$

α est ici le nombre immédiatement supérieur à tous les nombres α_ν.

Ces deux façons d'engendrer de grands nombres à partir de plus petits, seront nommés *le premier et le deuxième principe de formation* des nombres de la deuxième classe.

§ 16. — *La puissance de la deuxième classe numérique est égale au deuxième nombre cardinal transfini alef-un.*

Avant de commencer, aux paragraphes suivants, l'étude détaillée des nombres de la deuxième classe et des principes qui les dominent, nous voulons rechercher quel nombre cardinal correspond à la classe $Z(\aleph_0) = \{\alpha\}$ de tous ces nombres.

A. *L'ensemble* $\{\alpha\}$ *de tous les nombres de la deuxième classe, rangés par ordre de grandeur croissante, est un ensemble bien ordonné.*

Démonstration. — Désignons par A_α la réunion de tous les nombres de la *deuxième* classe, qui sont plus petits qu'un nombre donné α, ces nombres étant rangés par ordre de grandeur croissante; A_α est un ensemble bien ordonné de type $\alpha - \omega$. Ceci résulte du théorème H, § 14. L'ensemble désigné là par $\{\alpha'\}$, de tous les nombres α' de la *première* et de la *deuxième* classe est composé de $\{\nu\}$ et de A_α, de sorte que

$$\{\alpha'\} = (\{\nu\}, A_\alpha);$$
$$\overline{\{\alpha'\}} = \overline{\{\nu\}} + \overline{A_\alpha}$$

et comme

$$\overline{\{\alpha'\}} = \alpha \quad \overline{\{\nu\}} = \omega,$$

on a

$$\overline{A_\alpha} = \alpha - \omega.$$

Soit J une partie quelconque de $\{\alpha\}$, telles qu'il y ait dans $\{\alpha\}$ des nombres plus grands que tous les nombres de J. Soit par exemple α_0 un de ces nombres. J est aussi une partie de A_{α_0+1} telle qu'au moins le nombre α_0 de A_{α_0+1} est plus grand que tous les nombres de J. Comme A_{α_0+1} est un ensemble bien ordonné, il doit exister (§ 12) un nombre α' de A_{α_0+1}, appartenant donc aussi à $\{\alpha\}$, qui va immédiatement après tous les nombres de J. La condition II, § 12, est donc remplie pour $\{\alpha\}$, et la condition I aussi, puisque $\{\alpha\}$ a le nombre initial ω. —

Si l'on applique à l'ensemble bien ordonné $\{\alpha\}$ les théorèmes A et C, § 12, on obtient les théorèmes suivants :

B. *Tout ensemble de nombres différents des première et deuxième classes a un nombre plus petit, un minimum.*

C. *Tout ensemble de nombres différents des première et deuxième classes, rangés par ordre de grandeur, forme un ensemble bien ordonné.*

Nous allons maintenant montrer que la puissance de la deuxième classe est différente de celle de la première, qui est $\aleph_0$.

D. *La puissance de l'ensemble* $\{\alpha\}$ *de tous les nombres* α *de la deuxième classe n'est pas égale à* $\aleph_0$.

Démonstration. — Si $\overline{\overline{\{\alpha\}}}$ était égal à $\aleph_0$, on pourrait mettre l'ensemble $\{\alpha\}$ sous la forme d'une série simplement infinie.

$$\gamma_1, \gamma_2, \ldots, \gamma_\nu, \ldots$$

de sorte que $\{\gamma_\nu\}$ représenterait la réunion de *tous* les nombres de la deuxième classe rangés dans un ordre différent de l'ordre de grandeur croissante; de plus, $\{\gamma_\nu\}$ comme $\{\alpha\}$ ne contient pas de nombre supérieur à tous les autres.

Partons de γ_1 et soit γ_{ρ_2} le terme de plus petit indice de la série qui soit plus grand que γ_1, γ_{ρ_3} le terme de plus petit indice plus grand que γ_{ρ_2}, et ainsi de suite. Nous obtenons une suite infinie de nombres croissants

$$\gamma_1, \gamma_{\rho_2}, \ldots, \gamma_{\rho_\nu}, \ldots$$

telle que

$$1 < \rho_2 < \rho_3 \ldots \rho_\nu < \rho_{\nu+1} \ldots$$

$$\gamma_1 < \gamma_{\rho_2} < \gamma_{\rho_3} \ldots \gamma_{\rho_\nu} < \gamma_{\rho_{\nu+1}} \ldots$$

$$\gamma_\nu \leqq \gamma_{\rho_\nu}$$

D'après le théorème C, § 14, il y aurait un nombre déterminé δ de la deuxième classe, savoir

$$\delta = \lim.\, \gamma_{\rho_\nu}$$

qui serait plus grand que tous les γ_{ρ_ν}; par suite δ serait plus grand que γ_ν pour toute valeur de ν.

Mais puisque $\{\gamma_\nu\}$ contient tous les nombres de la deuxième classe, il contient aussi δ et l'on aurait

$$\delta = \gamma_{\nu_0}$$

équation qui est incompatible avec $\delta > \gamma_{\nu_0}$.

L'hypothèse $\overline{\overline{\{\alpha\}}} = \aleph_0$ conduit ainsi à une contradiction.

E. *Un ensemble arbitraire* $\{\beta\}$ *de nombres différents de la deuxième classe a, s'il est infini, ou le nombre cardinal* $\aleph_0$, *ou le nombre cardinal* $\overline{\overline{\{\alpha\}}}$ *de la deuxième classe.*

Démonstration. — L'ensemble $\{\beta\}$, où les éléments sont rangés par ordre de grandeur croissante, est une partie de l'ensemble bien ordonné $\{\alpha\}$ et comme tel (th. O, § 13), il est ou semblable à un segment A_{α_0} de ce dernier (c'est-à-dire à l'ensemble de tous les nombres de la deuxième classe $< \alpha_0$, rangés par ordre de grandeur croissante) ou semblable à l'ensemble $\{\alpha\}$ lui-même.

Nous avons montré dans la démonstration du théorème A que $\overline{A_{\alpha_0}} = \alpha_0 - \omega$. Nous avons donc ou $\overline{\{\beta\}} = \overline{\alpha_0 - \omega}$ ou $\overline{\{\beta\}} = \overline{\{\alpha\}}$ et, par suite, ou $\overline{\overline{\{\beta\}}} = \overline{\overline{\alpha_0 - \omega}}$ ou $\overline{\overline{\{\beta\}}} = \overline{\overline{\{\alpha\}}}$. Mais $\overline{\overline{\alpha_0 - \omega}}$ est égal à un nombre cardinal fini ou à $\aleph_0$ (th. I, § 15); le premier cas est exclu ici puisque $\{\beta\}$ est un ensemble infini. Par suite, le nombre cardinal $\overline{\overline{\{\beta\}}}$ est égal à $\aleph_0$ ou à $\overline{\overline{\{\alpha\}}}$.

F. *La puissance de la deuxième classe numérique* $\{\alpha\}$ *est le deuxième nombre cardinal transfini alef-un.*

Démonstration. — Il n'y a aucun nombre *cardinal a* qui soit $> \aleph_0$ et $< \overline{\overline{\{\alpha\}}}$, car il devrait y avoir une partie infinie $\{\beta\}$ de $\{\alpha\}$ telle que $\overline{\overline{\{\beta\}}} = a$.

Mais par suite du théorème précédemment démontré E, la partie β a le nombre cardinal $\aleph_0$ ou le nombre cardinal $\overline{\overline{\{\alpha\}}}$. Ce dernier nombre est donc nécessairement le nombre cardinal immédiatement supérieur à $\aleph_0$; nous le nommerons $\aleph_1$.

Nous avons donc, dans la deuxième classe numérique, le *représentant* naturel du deuxième nombre cardinal transfini *alef-un*.

§ 17. — *Les nombres de la forme* $\omega^\mu \nu_0 + \omega^{\mu-1}\nu_1 + \ldots + \nu_\mu$.

Il est utile de se familiariser avec les nombres de $Z(\aleph_0)$, qui sont des fonctions algébriques de degré fini de ω. Tout nombre de cette espèce peut se ramener à la forme suivante, et cela d'une seule manière

(1) $$\varphi = \omega^{\mu}\nu_0 + \omega^{\mu-1}\nu_1 + \ldots + \nu_{\mu},$$

où μ, ν_0 sont finis et différents de zéro, $\nu_1, \nu_2, \ldots, \nu_{\mu}$ pouvant être nuls.

Ceci repose sur ce fait que

(2) $$\omega^{\mu'}\nu' + \omega^{\mu}\nu = \omega^{\mu}\nu$$

si

$$\mu' < \mu, \quad \nu > 0 \text{ et } \nu' > 0;$$

car, d'après (8), § 14,

$$\omega^{\mu'}\nu' + \omega^{\mu}\nu = \omega^{\mu'}(\nu' + \omega^{\mu-\mu'}\nu)$$

et

$$\nu' + \omega^{\mu-\mu'}\nu = \omega^{\mu-\mu'}\nu.$$

Donc, dans un agrégat de la forme

$$\ldots + \omega^{\mu'}\nu' + \omega^{\mu}\nu + \ldots$$

on peut négliger tous les termes qui sont suivis, en allant vers la droite, de termes de degrés supérieurs en ω. Ce procédé peut être suivi jusqu'à ce qu'on arrive à la forme donnée en (1). Remarquons encore que

(3) $$\omega^{\mu}\nu + \omega^{\mu}\nu' = \omega^{\mu}(\nu + \nu').$$

Comparons maintenant le nombre φ avec un nombre ψ de la même espèce

(4) $$\psi = \omega^{\lambda}\rho_0 + \omega^{\lambda-1}\rho_1 + \ldots + \rho_{\lambda}.$$

Si μ et λ sont différents et par exemple $\mu < \lambda$, nous avons, d'après (2),

$$\varphi + \psi = \psi$$

et par suite

$$\varphi < \psi.$$

Si μ et λ sont égaux, ν_0 et ρ_0 différents et, par exemple, $\nu_0 < \rho_0$, nous avons, d'après (2),

$$\varphi + [\omega^\lambda(\rho_0 - \nu_0) + \omega^{\lambda-1}\rho_1 + \ldots + \rho_\lambda] = \psi;$$

donc aussi

$$\varphi < \psi.$$

Si enfin

$$\mu = \lambda \qquad \nu_0 = \rho_0 \qquad \nu_1 = \rho_1 \ldots \nu_{\sigma-1} = \rho_{\sigma-1} \qquad \sigma \leqq \mu.$$

et, par contre, ν_σ et ρ_σ différents, et par exemple $\nu_\sigma < \rho_\sigma$, on a, d'après (2),

$$\varphi + [\omega^{\lambda-\sigma}(\rho_0 - \nu_0) + \omega^{\lambda-\sigma-1}\rho_{\sigma+1} + \ldots + \rho_\lambda] = \psi;$$

donc de nouveau

$$\varphi < \psi.$$

Nous voyons ainsi que les nombres représentés par φ et ψ ne peuvent être égaux que dans le cas de l'identité complète des expressions φ et ψ.

L'*addition* de φ et ψ conduit aux résultats suivants :

1° Si $\mu < \lambda$, on a vu plus haut que

$$\varphi + \psi = \psi.$$

2° Si $\mu = \lambda$, on a :

$$\varphi + \psi = \omega^\lambda(\nu_0 + \rho_0) + \omega^{\lambda-1}\rho_1 + \ldots + \rho_\lambda.$$

3° Si $\mu > \lambda$, on a :

$$\varphi + \psi = \omega^\mu\nu_0 + \omega^{\mu-1}\nu_1 + \ldots + \omega^{\lambda+1}\nu_{\mu-\lambda-1} + \omega^\lambda(\nu_{\mu-\lambda} + \rho_0) + \omega^{\lambda-1}\rho_1 + \ldots + \rho_\lambda$$

Pour effectuer le produit de φ et de ψ, nous remarquons que si ρ est un nombre fini différent de 0, on a la formule :

$$(5) \qquad \varphi . \rho = \omega^\mu\nu_0\rho + \omega^{\mu-1}\nu_1 + \ldots + \nu_\mu,$$

qui s'obtient facilement en effectuant la somme des ρ termes

$$\varphi + \varphi + \ldots + \varphi.$$

Par application répétée du théorème G, § 15, on obtient de plus, en tenant compte de F, § 15 :

$$(6) \qquad \varphi\omega = \omega^{\mu+1}$$

et par suite

$$\varphi\omega^{\lambda} = \omega^{\mu+\lambda}. \tag{7}$$

La loi distributive [(8), § 14] nous donne :

$$\varphi\psi = \varphi\omega^{\lambda}\rho_0 + \varphi\omega^{\lambda-1}\rho_1 + \ldots + \varphi\omega\rho_{\lambda-1} + \varphi\rho_{\lambda}$$

et les formules (4), (5) et (7) nous conduisent aux résultats suivants :

1° Si $\rho_{\lambda} = 0$, on a :

$$\varphi\psi = \omega^{\mu+\lambda}\rho_0 + \omega^{\mu+\lambda-1}\rho_1 + \ldots + \omega^{\mu+1}\rho_{\lambda-1} = \omega^{\mu}\psi.$$

2° Si $\rho_{\lambda} \neq 0$, on a :

$$\varphi\psi = \omega^{\mu+\lambda}\rho_0 + \omega^{\mu+\lambda-1}\rho_1 + \ldots + \omega^{\mu+1}\rho_{\lambda-1} + \omega^{\mu}\nu_0\rho_{\lambda} + \omega^{\mu-1}\nu_1 + \ldots + \nu_{\mu}.$$

Nous arrivons de la manière suivante à une décomposition remarquable du nombre φ ; soit

$$\varphi = \omega^{\mu}\varkappa_0 + \omega^{\mu_1}\varkappa_1 + \ldots + \omega^{\mu_\tau}\varkappa_\tau \tag{8}$$

où

$$\mu > \mu_1 > \mu_2 \ldots > \mu_\tau \gtreqless 0$$

et $\varkappa_0, \varkappa_1, \ldots, \varkappa_\tau$ des nombres finis différents de 0. Nous avons alors

$$\varphi = (\omega^{\mu_1}\varkappa_1 + \omega^{\mu_2}\varkappa_2 + \ldots + \omega^{\mu_\tau}\varkappa_\tau)(\omega^{\mu-\mu_1}\varkappa_0 + 1)$$

et, par application répétée de cette formule, nous obtenons

$$\varphi = \omega^{\mu_\tau}\varkappa_\tau(\omega^{\mu_{\tau-1}-\mu_\tau}\varkappa_{\tau-1} + 1)(\omega^{\mu_{\tau-2}-\mu_{\tau-1}}\varkappa_{\tau-2} + 1)\ldots \ldots(\omega^{\mu-\mu_1}\varkappa_0 + 1).$$

Mais on a :

$$\omega^{\lambda}\varkappa + 1 = (\omega^{\lambda} + 1)\varkappa$$

dans le cas où $\varkappa$ est un nombre fini différent de 0 ; donc

$$\varphi = \omega^{\mu_\tau}\varkappa_\tau(\omega^{\mu_{\tau-1}-\mu_{\tau}} + 1)\varkappa_{\tau-1}(\omega^{\mu_{\tau-2}-\mu_{\tau-1}} + 1)\varkappa_{\tau-2}\ldots (\omega^{\mu-\mu_1} + 1)\varkappa_0. \tag{9}$$

Les facteurs $\omega^{\lambda} + 1$ intervenant ici sont tous *indécomposables* et le nombre φ ne peut être représenté que *d'une seule manière* sous cette forme de produit. Si $\mu_{\tau} = 0$, φ est de la première espèce, sinon il est de la deuxième espèce.

La différence apparente qu'il y a entre les formules de ce paragraphe et celles déjà données au volume XXI des *Mathem. Annalen* (*Grundlagen*, p. 41) tient à la manière différente d'écrire le produit de deux nombres ; nous plaçons maintenant le multiplicande à gauche et le multiplicateur à droite ; nous faisions autrefois le contraire.

§ 18. — *L'exponentielle γ^{α} dans le domaine de la deuxième classe numérique.*

Soit ξ une variable dont le domaine de variation comprend tous les nombres de la première et de la deuxième classe, y compris 0 ; soient γ et δ deux constantes appartenant au même domaine

$$\delta > 0 \qquad \gamma > 1.$$

Nous pouvons alors établir le théorème suivant :

A. *Il existe une seule fonction bien déterminée uniforme $f(\xi)$ de la variable ξ, qui remplisse les conditions suivantes :*

1°
$$f(0) = \delta.$$

2° *ξ' et ξ'' étant deux valeurs quelconques de ξ telles que $\xi' < \xi''$, on a :*

$$f(\xi') < f(\xi'').$$

3° *Pour toute valeur de ξ, on a :*

$$f(\xi + 1) = f(\xi)\gamma.$$

4° *Si $\{\xi_\nu\}$ est une série fondamentale quelconque, $\{f(\xi_\nu)\}$ en est une autre, et la condition*

$$\xi = \lim \{\xi_\nu\}$$

entraine

$$f(\xi) = \lim. f(\xi_\nu).$$

Démonstration. — D'après 1° et 2°, nous avons

$$f(1) = \delta\gamma, \qquad f(2) = \delta\gamma\gamma, \qquad f(3) = \delta\gamma\gamma\gamma, \ldots$$

et par suite, puisque $\delta > 0, \gamma > 1$

$$f(1) < f(2) < f(3) < \ldots < f(\nu) < f_{(\nu+1)} \ldots$$

Supposons le théorème établi pour toutes les valeurs de ξ qui sont $< \alpha$, α étant un nombre quelconque de la deuxième classe. Je dis qu'il est encore vrai pour $\xi \leq \alpha$. Car si α est de la première espèce, il résulte de 3°

$$f(\alpha) = f(\underline{\alpha_1})\gamma > f(\underline{\alpha_1})$$

et les conditions 2°, 3° et 4° sont vérifiées par $\xi \leq \alpha$.

Mais si α est de la deuxième espèce et défini par la série fondamentale $\{\alpha_\nu\}$

$$\alpha = \lim. \alpha_\nu,$$

il résulte de 2° que $\{f(\alpha_\nu)\}$ est une série fondamentale, et de 4° que $f(\alpha) = \lim. f(\alpha_\nu)$. Si l'on considère une autre série fondamentale $\{\alpha'_\nu\}$, telle que $\alpha = \lim. \alpha'_\nu$, les deux séries fondamentales $\{f(\alpha_\nu)\}$ et $\{f(\alpha'_\nu)\}$ sont liées, en vertu de 2°, et par suite

$$f(\alpha) = \lim. f(\alpha'_\nu).$$

La valeur $f(\alpha)$ est donc unique.

Si α' est un nombre quelconque $< \alpha$, on voit facilement que $f(\alpha') < f(\alpha)$. Les conditions 2°, 3° et 4° sont donc aussi remplies pour $\xi \leq \alpha$. Le théorème est donc établi *pour toutes les valeurs de* ξ.

Car s'il y avait des valeurs exceptionnelles de ξ pour lesquelles il n'aurait pas lieu, une de ces valeurs, que nous appelons α, devrait être *la plus petite*. Le théorème serait donc valable pour $\xi < \alpha$ et non pour $\xi \leq \alpha$, ce qui est en contradiction avec ce qui vient d'être démontré.

Il y a donc, pour tout le domaine de ξ, une et une seule fonction $f(\xi)$ qui vérifie les conditions 1°, 2°, 3° et 4°.

Si l'on donne à la constante δ la valeur 1 et si l'on désigne la fonction $f(\xi)$ par

$$\gamma^{\xi}$$

on peut énoncer le théorème suivant :

B. *Si* γ *est une constante arbitraire* > 1, *appartenant à la première ou à la deuxième classe, il y a une fonction bien déterminée* γ^{ξ} *de* ξ *telle que :*

1° $\gamma^{0} = 1$.

2° *Si* $\xi' < \xi''$, *on a* $\gamma^{\xi'} < \gamma^{\xi''}$.

3° *Pour chaque valeur de* ξ, $\gamma^{\xi+1} = \gamma^{\xi}\gamma$.

4° *Si* $|\xi_{\nu}|$ *est une série fondamentale quelconque,* $|\gamma^{\xi_{\nu}}|$ *en est une autre et la condition* $\xi = \lim. \xi_{\nu}$ *entraîne :*

$$\gamma^{\xi} = \lim. \gamma^{\xi_{\nu}}.$$

Mais nous pouvons énoncer le théorème suivant :

C. $f(\xi)$ *étant la fonction caractérisée au théorème A, on a*

$$f(\xi) = \delta\gamma^{\xi}.$$

Démonstration. — La formule (24), § 14, montre que la fonction $\delta\gamma^{\xi}$ vérifie non seulement les conditions 1°, 2°, 3° du théorème A, mais aussi la condition 4°. Puisque la fonction $f(\xi)$ est unique, elle doit être identique à $\delta\gamma^{\xi}$.

D. *Si* α *et* β *sont deux nombres arbitraires de la première et de la deuxième classe, y compris* 0, *on a :*

$$\gamma^{\alpha+\beta} = \gamma^{\alpha}\gamma^{\beta}.$$

Démonstration. — Considérons la fonction $\varphi(\xi) = \gamma^{\alpha+\xi}$.

La formule (23), § 14, nous montre que

$$\lim. (\alpha + \xi_{\nu}) = \alpha + \lim. \xi_{\nu}$$

et nous reconnaissons que $\varphi(\xi)$ vérifie les quatre conditions suivantes :

1° $\varphi(0) = \gamma^\alpha$;

2° Si $\xi' < \xi''$, on a $\varphi(\xi') < \varphi(\xi'')$;

3° Pour chaque valeur de ξ, $\varphi(\xi + 1) = \varphi(\xi)\gamma$;

4° Si $|\xi_\nu|$ est une série fondamentale telle que lim. $\xi_\nu = \xi$, on a :

$$\varphi(\xi) = \lim.\ \varphi(\xi_\nu).$$

Le théorème C, où l'on fait $\delta = \gamma^\alpha$, nous donne alors :

$$\varphi(\xi) = \gamma^\alpha\gamma^\xi$$

et en posant $\xi = \beta$

$$\gamma^{\alpha+\beta} = \gamma^\alpha\gamma^\beta.$$

E. *Si α et β sont deux nombres arbitraires de la première et de la deuxième classe, y compris* 0, *on a :*

$$\gamma^{\alpha\beta} = (\gamma^\alpha)^\beta$$

Démonstration. — Considérons la fonction $\psi(\xi) = \gamma^{\alpha\xi}$ et remarquons que, d'après (24), § 14, on a toujours lim. $\alpha\xi_\nu = \alpha$lim. ξ_ν; nous pouvons alors, en vertu du théorème D, affirmer ce qui suit :

1° $\psi(0) = 1$;

2° Si $\xi' < \xi''$, on a $\psi(\xi') < \psi(\xi'')$;

3° Pour chaque valeur de ξ, on a $\psi(\xi + 1) = \psi(\xi)\gamma^\alpha$;

4° Si $|\xi_\nu|$ est une série fondamentale définissant $\xi = \lim.\ \xi_\nu$, $|\psi(\xi_\nu)|$ en est une aussi et

$$\psi(\xi) = \lim \psi(\xi_\nu).$$

On a donc, d'après le théorème C, où l'on remplace δ par 1 et γ par γ^α :

$$\psi(\xi) = (\gamma^\alpha)^\xi. —$$

La comparaison de γ^ξ et de ξ nous donne le théorème suivant :

F. *Si γ est* > 1, *on a, pour toutes les valeurs de* ξ,

$$\gamma^\xi \geq \xi.$$

Démonstration. — Dans les cas $\xi = 0$, $\xi = 1$, le théorème est évident. Nous allons montrer que s'il est vrai pour toutes les valeurs de ξ plus petites que $\alpha > 1$, il est aussi vrai pour α.

Si α est de la première espèce, on a par hypothèse :

$$\alpha_1 \leqq \gamma^{\alpha_1}$$

et par suite :

$$\alpha_1 \gamma \leqq \gamma^{\alpha_1}\gamma = \gamma^{\alpha}$$

ou

$$\gamma^{\alpha} \geqq \alpha_1 + \alpha_1(\gamma - 1).$$

Puisque α_1 et $\gamma - 1$ sont au moins égaux à 1 et que $\alpha_1 + 1 = \alpha$, on a :

$$\gamma^{\alpha} \geqq \alpha.$$

Si, au contraire, α est de la deuxième espèce, et si

$$\alpha = \lim.\ \alpha_\nu$$

α_ν est plus petit que α et l'on a, en vertu de l'hypothèse faite,

$$\alpha_\nu \leqq \gamma^{\alpha_\nu}$$

et par suite

$$\lim.\ \alpha_\nu \leqq \lim.\ \gamma^{\alpha_\nu},$$

c'est-à-dire :

$$\alpha \leqq \gamma^{\alpha}.$$

S'il y avait des valeurs de ξ pour lesquelles $\xi > \gamma^{\xi}$, l'une d'elles devrait être la plus petite ; désignons-la par α. Pour toutes les valeurs de $\xi < \alpha$, on aurait

$$\xi \leqq \gamma^{\xi}$$

et au contraire

$$\alpha > \gamma^{\alpha},$$

ce qui est en contradiction avec ce qui vient d'être démontré. Nous avons ainsi pour toutes les valeurs de ξ

$$\gamma^{\xi} \geqq \xi.$$

§ 19. — *La forme normale des nombres de la deuxième classe.*

Soit α un nombre quelconque de la deuxième classe. L'exponentielle ω^ξ deviendra, pour une valeur suffisamment grande de ξ, plus grande que α. D'après le théorème F, § 18, cela sera toujours pour $\xi > \alpha$; mais, en général, cela arrivera aussi pour des valeurs plus petites.

Le théorème B, § 16, nous apprend que parmi toutes les valeurs de ξ pour lesquelles

$$\omega^\xi > \alpha$$

l'une est la plus petite, nous la nommons β et nous voyons facilement que ce n'est pas un nombre de la deuxième espèce. Car si

$$\beta = \lim . \beta_\nu,$$

on aurait, puisque $\beta_\nu < \beta$,

$$\omega^{\beta_\nu} \leqq \alpha$$

et par suite

$$\lim \omega^{\beta_\nu} \leqq \alpha,$$

c'est-à-dire

$$\omega^\beta \leqq \alpha,$$

ce qui est contraire à l'hypothèse.

Ainsi β est de la première espèce. Nous désignerons β_1 par α_0, de sorte que $\beta = \alpha_0 + 1$; nous pouvons ainsi affirmer *qu'il y a un nombre bien déterminé α_0 de la première ou de la deuxième classe de nombres qui vérifie les deux conditions*

$$(1) \qquad \omega^{\alpha_0} \leqq \alpha, \qquad \omega^{\alpha_0}\omega > \alpha.$$

De la deuxième condition, nous concluons que la relation

$$\omega^{\alpha_0}\nu \leqq \alpha$$

n'est pas vérifiée pour toutes les valeurs finies de ν; car, sans cela, l'on aurait : lim. $\omega^{\alpha_0}\nu = \omega^{\alpha_0}\omega \leqq \alpha$.

Nous désignons par $\varkappa_0 + 1$ le *plus petit nombre fini* ν pour lequel

$$\omega^{\alpha_0}\nu > \alpha.$$

(1) montre que $\varkappa_0$ est plus grand que 0.

Il y a donc aussi un nombre bien déterminé $\varkappa_0$ *de la première classe des nombres,* tel que

$$(2) \qquad \omega^{\alpha_0}\varkappa_0 \leqq \alpha, \qquad \omega^{\alpha_0}(\varkappa_0 + 1 > \alpha.$$

Si nous posons $\alpha - \omega^{\alpha_0}\varkappa_0 = \alpha'$, nous avons

$$(3) \qquad \alpha = \omega^{\alpha_0}\varkappa_0 + \alpha'$$

et

$$(4) \qquad 0 < \alpha' < \omega^{\alpha_0}, \qquad 0 < \varkappa_0 < \omega.$$

Le nombre α ne peut être représenté que *d'une seule façon* sous la forme (3), si l'on suppose vérifier les conditions (4). Car de (3) et (4) résultent les relations (2) et enfin les relations (1).

Mais le seul nombre vérifiant les relations (1) est $\alpha_0 = \beta - 1$, et le nombre $\varkappa_0$ est défini d'une façon unique par les relations (2). De (1) et (4) résultent encore, eu égard au théorème F, § 18,

$$\alpha' < \alpha \qquad \alpha_0 \leqq \alpha.$$

Nous pouvons donc énoncer le théorème suivant :

A. *Tout nombre* α *de la deuxième classe peut être mis d'une seule manière sous la forme*

$$\alpha = \omega^{\alpha_0}\varkappa_0 + \alpha'$$

où

$$0 \leqq \alpha' < \omega^{\alpha_0} \qquad 0 < \varkappa_0 < \omega.$$

α' *est toujours plus petit que* α, *et* α_0 *est inférieur ou égal à* α.

Si α' est un nombre de la *deuxième* classe, on peut lui appliquer le théorème A, et nous avons

$$\alpha' = \omega^{\alpha_1}\varkappa_1 + \alpha'', \tag{5}$$

$$0 \leqq \alpha'' < \omega^{\alpha_1}, \qquad 0 < \varkappa_1 < \omega,$$

et l'on a

$$\alpha_1 < \alpha_0, \qquad \alpha'' < \alpha'.$$

En poursuivant, nous obtenons une suite de relations

$$\alpha'' = \omega^{\alpha_2}\varkappa_2 + \alpha'''; \tag{6}$$

$$\alpha''' = \omega^{\alpha_3}\varkappa_3 + \alpha^{IV}. \tag{7}$$

....

Mais cette suite ne peut être infinie et doit nécessairement s'arrêter.

Car les nombres α, α', α'', ... vont en décroissant.

$$\alpha > \alpha' > \alpha'' > \ldots$$

Si une telle série de nombres transfinis était illimitée, aucun terme ne serait le plus petit, ce qui est impossible (théorème B, § 16). Il existe donc un certain nombre fini τ, tel que

$$\alpha^{(\tau+1)} = 0.$$

Si nous réunissons les équations (3), (5), (6), (7), ..., nous obtenons :

B. *Tout nombre α de la deuxième classe peut être mis d'une seule façon sous la forme*

$$\alpha = \omega^{\alpha_0}\varkappa_0 + \omega^{\alpha_1}\varkappa_1 + \omega^{\alpha_2}\varkappa_2 + \ldots + \omega^{\alpha_\tau}\varkappa_\tau$$

où α_0, α_1, ..., α_τ sont des nombres de la première ou de la deuxième classe, qui vérifient les conditions

$$\alpha_0 > \alpha_1 > \alpha_2 > \ldots > \alpha_\tau \geqq 0,$$

tandis que $\varkappa_0$, $\varkappa_1$, ..., $\varkappa_\tau$, sont des nombres différents de 0 de la première classe.

La forme donnée ici aux nombres de la deuxième classe est

dite leur *forme normale :* α_0 s'appelle *le degré,* α_τ *l'exposant* de α; pour $\tau = 0$, le degré et l'exposant sont égaux.

Un nombre α est de la première ou de la deuxième espèce suivant que l'exposant α_τ est égal ou supérieur à 0.

Considérons un autre nombre β écrit sous la forme normale

$$\beta = \omega^{\beta_0}\lambda_0 + \omega^{\beta_1}\lambda_1 + \ldots + \omega^{\beta_\sigma}\lambda_\sigma. \tag{8}$$

Pour comparer α et β, et calculer leur somme et leur différence, nous emploierons les formules

$$\omega^{\alpha'}x' + \omega^{\alpha'}x = \omega^{\alpha'}(x' + x) \tag{9}$$

$$\omega^{\alpha'}x' + \omega^{\alpha''}x'' = \omega^{\alpha''}x'' \qquad \alpha' < \alpha'' \tag{10}$$

où x, x', x'' sont des nombres finis.

Ce sont des généralisations des formules (2) et (3), § 17.

Pour le calcul du produit $\alpha\beta$ interviennent les formules

$$\alpha\lambda = \omega^{\alpha_0}x_0\lambda + \omega^{\alpha_1}x_1 + \ldots + \omega^{\alpha_\tau}x_\tau \qquad 0 < \lambda < \omega; \tag{11}$$

$$\alpha\omega = \omega^{\alpha_0 + 1}; \tag{12}$$

$$\alpha\omega^{\beta'} = \omega^{\alpha_0 + \beta'}, \ \beta' > 0. \tag{13}$$

L'exponentiation est facile à effectuer grâce à la formule suivante :

$$\alpha^\lambda = \omega^{\alpha_0\lambda}x_0 + \ldots, \qquad 0 < \lambda < \omega. \tag{14}$$

Les termes venant à la droite ont un degré moindre que celui du premier. Il en résulte que les séries fondamentales $\{\alpha^\lambda\}$ et $\{\omega^{\alpha_0\lambda}\}$ sont équivalentes, de sorte que

$$\alpha^\omega = \omega^{\alpha_0\omega}, \qquad \alpha_0 > 0, \tag{15}$$

et par suite, en vertu du théorème E, § 18,

$$\alpha^{\omega\beta'} = \omega^{\alpha_0\omega\beta'}, \qquad \alpha_0 > 0, \qquad \beta' > 0.$$

A l'aide de ces formules, on démontre facilement les théorèmes suivants :

C. *Si les premiers termes* $\omega^{\alpha_0}\varkappa_0$ *et* $\omega^{\beta_0}\lambda_0$ *des formes normales de deux nombres* α *et* β *ne sont pas égaux,* α *est plus petit ou plus grand que* β, *suivant que* $\omega^{\alpha_0}\varkappa_0$ *est plus petit ou plus grand que* $\omega^{\beta_0}\lambda_0$.

Si on a

$$\omega^{\alpha_0}\varkappa_0 = \omega^{\beta_0}\lambda_0,\ \omega^{\alpha_1}\varkappa_1 = \omega^{\beta_1}\lambda_1,\ \ldots,\ \omega^{\alpha_\rho}\varkappa_\rho = \omega^{\beta_\rho}\lambda_\rho$$

α *est plus petit ou plus grand que* β, *suivant que* $\omega^{\alpha_{\rho+1}}\varkappa_{\rho+1}$ *est plus petit ou plus grand que* $\omega^{\beta_{\rho+1}}\lambda_{\rho+1}$.

D. *Si le degré* α_0 *de* α *est plus petit que le degré* β_0 *de* β, *on a*

$$\alpha + \beta = \beta.$$

Si $\alpha_0 = \beta_0$, *on a*

$$\alpha + \beta = \omega^{\beta_0}(\varkappa_0 + \lambda_0) + \omega^{\beta_1}\lambda_1 + \ldots + \omega^{\beta_\sigma}\lambda_\sigma .$$

Mais si

$$\alpha_0 > \alpha_1 > \ldots, > \alpha_\rho \geqq \beta_0 \qquad \alpha_{\rho+1} < \beta_0,$$

on a

$$\alpha + \beta = \omega^{\alpha_0}\varkappa_0 + \ldots + \omega^{\alpha_\rho}\varkappa_\rho + \omega^{\beta_0}\lambda_0 + \omega^{\beta_1}\lambda_1 + \ldots \omega^{\beta_\sigma}\lambda_\sigma.$$

E. *Si* β *est de la deuxième espèce* ($\beta_\sigma > 0$), *on a*

$$\alpha\beta = \omega^{\alpha_0+\beta_0}\lambda_0 + \omega^{\alpha_0+\beta_1}\lambda_1 + \ldots + \omega^{\alpha_0+\beta_\sigma}\lambda_\sigma = \omega^{\alpha_0}\beta;$$

mais si β *est de la première espèce* ($\beta_\sigma = 0$), *on a*

$$\alpha\beta = \omega^{\alpha_0+\beta_0}\lambda_0 + \omega^{\alpha_0+\beta_1}\lambda_1 + \ldots + \omega^{\alpha_0+\beta_{\sigma-1}}\lambda_{\sigma-1} + \omega^{\alpha_0}\varkappa_0\lambda_\sigma + \omega^{\alpha_1}\varkappa_1 + \ldots + \omega^{\alpha_\tau}\varkappa_\tau.$$

F. *Si* β *est de la deuxième espèce* ($\beta_\sigma > 0$), *on a*

$$\alpha^\beta = \omega^{\alpha_0\beta};$$

mais si β *est de la première espèce* ($\beta_\sigma = 0$), *et de la forme* $\beta = \beta' + \lambda_\sigma$ *où* β' *est de la deuxième espèce, on a*

$$\alpha^\beta = \omega^{\alpha_0\beta'}\alpha^{\lambda_\sigma}.$$

G. *Tout nombre* α *de la deuxième classe peut être mis, d'une seule manière, sous la forme du produit.*

$$\alpha = \omega^{\gamma_0}\varkappa_\tau(\omega^{\gamma_1}+1)\varkappa_{\tau-1}(\omega^{\gamma_2}+1)\varkappa_{\tau-2}\ldots(\omega^{\gamma_\tau}+1)\varkappa_0$$

et l'on a

$$\gamma_0 = \alpha_\tau, \gamma_1 = \alpha_{\tau-1} - \alpha_\tau, \gamma_2 = \alpha_{\tau-2} - \alpha_{\tau-1}, \ldots \gamma_\tau = \alpha_0 - \alpha_1,$$

tandis que $\varkappa_0, \varkappa_1, \ldots, \varkappa_\tau$ *ont la même signification que dans la forme normale. Les facteurs* $\omega^\gamma + 1$ *sont tous indécomposables.*

H. *Tout nombre* α *de la deuxième classe et de deuxième espèce, peut être mis, d'une seule manière, sous la forme*

$$\alpha = \omega^{\gamma_0}\alpha',$$

où γ_0 *est* > 0 *et* α' *est un nombre de première espèce, appartenant à la première ou à la deuxième classe.*

I. *Pour que deux nombres* α *et* β *de la deuxième classe vérifient la relation*

$$\alpha + \beta = \beta + \alpha,$$

il est nécessaire et suffisant qu'ils aient la forme

$$\alpha = \gamma\mu, \qquad \beta = \gamma\nu,$$

où μ *et* ν *sont deux nombres de la première classe.*

K. *Pour que deux nombres* α *et* β *de la deuxième classe vérifient la relation*

$$\alpha\beta = \beta\alpha,$$

il est nécessaire et suffisant qu'ils aient la forme

$$\alpha = \gamma^\mu, \qquad \beta = \gamma^\nu,$$

où μ *et* ν *sont deux nombres de la première classe.*

Pour montrer la portée de la *forme normale* des nombres de la dernière classe, et du *développement en produit* qui lui est intimement lié, nous donnerons ici les démonstrations des théorèmes I et K qui s'en déduisent.

De l'hypothèse

$$\alpha + \beta = \beta + \alpha$$

nous concluons tout d'abord que les degrés α_0 et β_0 de α et β sont égaux. Car, si par exemple α_0 était $< \beta_0$, on aurait, d'après le théorème D,

$$\alpha + \beta = \beta;$$

donc aussi

$$\beta + \alpha = \beta,$$

ce qui est impossible, puisque [(2), § 14]

$$\beta + \alpha > \beta.$$

Nous pouvons donc poser

$$\alpha = \omega^{\alpha_0}\mu + \alpha', \qquad \beta = \omega^{\alpha_0}\nu + \beta',$$

où les membres α' et β' sont de degré plus petit que α_0, et μ et ν des nombres finis différents de 0.

D'après le théorème D, on a

$$\alpha + \beta = \omega^{\alpha_0}(\mu + \nu) + \beta', \qquad \beta + \alpha = \omega^{\alpha_0}(\mu + \nu) + \alpha';$$

donc

$$\omega^{\alpha_0}(\mu + \nu) + \beta' = \omega^{\alpha_0}(\mu + \nu) + \alpha'$$

et par suite (théorème D, § 14)

$$\beta' = \alpha'.$$

Nous avons ainsi

$$\alpha = \omega^{\alpha_0}\mu + \alpha', \qquad \beta = \omega^{\alpha_0}\nu + \alpha',$$

et si l'on pose

$$\omega^{\alpha_0} + \alpha' = \gamma,$$

on a, d'après (11),

$$\alpha = \gamma\mu, \qquad \beta = \gamma\nu.$$

Supposons maintenant que les nombres α et β de la deuxième classe et de *première espèce* vérifient la relation

$$\alpha\beta = \beta\alpha$$

et supposons que

$$\alpha > \beta.$$

Mettons les nombres α et β sous forme de produit (théorème G) et soit

$$\alpha = \delta\alpha', \qquad \beta = \delta\beta',$$

où les premiers facteurs de gauche de α' et β' (sauf 1) sont différents. On a alors

$$\alpha' > \beta'$$

et

$$\alpha'\delta\beta' = \beta'\delta\alpha'.$$

Tous les nombres intervenant ici et dans la suite sont de *première espèce,* d'après la supposition faite sur α et β.

La dernière équation fait immédiatement reconnaître (eu égard au théorème G) que les nombres α' et β' ne peuvent, tous les deux, être transfinis, car, dans ce cas, leurs premiers facteurs communs de gauche seraient égaux. Ils ne peuvent non plus être finis tous deux; car δ serait alors transfini et, en désignant par $\varkappa$ son premier facteur fini de gauche, on aurait

$$\alpha'\varkappa = \beta'\varkappa$$

et par suite

$$\alpha' = \beta'.$$

On a donc nécessairement

$$\alpha' > \omega, \qquad \beta' < \omega.$$

Mais le nombre fini β' doit être égal à 1,

$$\beta' = 1$$

car autrement ce serait un diviseur du facteur de gauche de α'.

Nous arrivons à ce résultat que $\beta = \delta$, et par suite

$$\alpha = \beta\alpha'$$

où α' est un nombre de première espèce appartenant à la deuxième classe et qui doit être plus petit que α.

$$\alpha' < \alpha.$$

Entre α' et β existe la relation

$$\alpha'\beta = \beta\alpha'.$$

Si α' est aussi plus grand que β, on démontre de la même manière l'existence d'un nombre transfini de première espèce $\alpha'' < \alpha'$, tel que

$$\alpha' = \beta\alpha'', \qquad \alpha''\beta = \beta\alpha''.$$

Dans le cas où α'' est encore plus grand que β, il existe un nombre $\alpha''' < \alpha''$, tel que

$$\alpha'' = \beta\alpha''', \qquad \alpha'''\beta = \beta\alpha''',$$

et ainsi de suite.

La série des nombres décroissants α', α'', α''', ..., doit être finie (th. B, § 16).

Donc, pour un indice fini déterminé ρ_0, on a

$$\alpha^{(\rho_0)} \leq \beta.$$

Si

$$\alpha^{(\rho_0)} = \beta,$$

il vient

$$\alpha = \beta^{\rho_0+1}, \qquad \beta = \beta;$$

le théorème K est démontré, et l'on a

$$\gamma = \beta, \qquad \mu = \rho_0 + 1, \qquad \nu = 1.$$

Mais si

$$\alpha^{(\rho_0)} < \beta,$$

nous posons

$$\alpha^{(\rho_0)} = \beta_1$$

et nous obtenons

$$\alpha = \beta^{\rho_0}\beta_1, \qquad \beta\beta_1 = \beta_1\beta, \qquad \beta_1 < \beta.$$

Par conséquent, il y a aussi un nombre fini ρ_1, tel que

$$\beta = \beta_1^{\rho_1}\beta_2, \qquad \beta_1\beta_2 = \beta_2\beta_1, \qquad \beta_2 < \beta_1.$$

On a d'une façon analogue

$$\beta_1 = \beta_2^{\rho_2}\beta_3, \qquad \beta_2\beta_3 = \beta_3\beta_2, \qquad \beta_3 < \beta_2,$$

et ainsi de suite

La série des nombres décroissants β_1, β_2, β_3, ... doit être limitée d'après le théorème B, § 16.

Il existe donc un nombre fini $\varkappa$, tel que

$$\beta_{\varkappa-1} = \beta_\varkappa^{\rho_\varkappa}.$$

Si nous posons maintenant

$$\beta_\varkappa = \gamma,$$

nous aurons

$$\alpha = \gamma^\mu, \qquad \beta = \gamma^\nu,$$

où μ et ν sont le numérateur et le dénominateur de la fraction continue

$$\frac{\mu}{\nu} = \rho_0 + \cfrac{1}{\rho_1 + \cdots + \cfrac{1}{\rho_\varkappa}}.$$

§ 20. — *Les nombres ε de la deuxième classe numérique.*

La forme normale du nombre α,

(1) $$\alpha = \omega^{\alpha_0}\varkappa_0 + \omega^{\alpha_1}\varkappa_1 + \ldots, \alpha_0 > \alpha_1 > \ldots, 0 < \varkappa < \omega,$$

nous montre immédiatement, eu égard au théorème F, § 18, que le degré α_0 de α n'est jamais supérieur à α. On peut se demander s'il n'y a pas des nombres α, pour lesquels $\alpha_0 = \alpha$.

Dans ce cas, la forme normale devrait évidemment se réduire au premier terme et même à ω^α; α devrait donc être racine de l'équation

(2) $$\omega^\varepsilon = \varepsilon.$$

D'ailleurs toute racine de cette équation aurait la forme normale ω^α et par suite serait égale à son degré.

Les nombres de la deuxième classe, qui sont égaux à leur

degré, coïncident donc avec les racines de l'équation (2). Nous nous proposons de déterminer l'ensemble de ces racines; pour les séparer de tous les autres nombres, nous les nommerons les *nombres* ε *de la deuxième classe.*

L'existence de tels nombres ε résulte du théorème suivant :

A. *Si* γ *est un nombre quelconque de la première ou de la deuxième classe, ne vérifiant pas l'équation* (2), *les équations*

$$\gamma_1 = \omega^\gamma, \quad \gamma_2 = \omega^{\gamma_1}, \ldots, \gamma_\nu = \omega^{\gamma_{\nu-1}}, \ldots$$

déterminent une série fondamentale $\{\gamma_\nu\}$. *La limite* $E(\gamma)$ *de cette série fondamentale est toujours un nombre* ε.

Démonstration. — Puisque γ n'est pas un nombre ε, on a $\omega^\gamma > \gamma$, c'est-à-dire $\gamma_1 > \gamma$. D'après le théorème B, § 18, on a aussi $\omega^{\gamma_1} > \omega^\gamma$, c'est-à-dire $\gamma_2 > \gamma_1$, et de la même manière $\gamma_3 > \gamma_2$, et ainsi de suite. La suite $\{\gamma_\nu\}$ est donc une série fondamentale. Désignons par $E(\gamma)$ sa limite, on a

$$\omega^{E(\gamma)} = \lim.\, \omega^{\gamma_\nu} = \lim.\, \gamma_{\nu+1} = E(\gamma).$$

$E(\gamma)$ est donc un nombre ε. —

B. *Le nombre* $\varepsilon_0 = E(1) =$ *lim.* ω_ν, *où*

$$\omega_1 = \omega, \ \omega_2 = \omega^{\omega_1}, \ldots, \omega_\nu = \omega^{\omega_{\nu-1}}, \ldots$$

est le plus petit de tous les nombres ε.

Soit ε' un nombre α tel que

$$\omega^{\varepsilon'} = \varepsilon'.$$

Comme ε' est plus grand que ω, $\omega^{\varepsilon'}$ est plus grand que ω^ω, c'est-à-dire $\varepsilon' > \omega_1$. Il en résulte de même $\omega^{\varepsilon'} > \omega^{\omega_1}$ ou $\varepsilon' > \omega_2$, et ainsi de suite.

D'une façon générale on a

$$\varepsilon' > \omega$$

et il en résulte

$$\varepsilon' \geqq \lim.\, \omega_\nu,$$

c'est-à-dire

$$\varepsilon' \geqq \varepsilon_0.$$

$\varepsilon_0 = E(1)$ est donc le plus petit de tous les nombres ε.

C. *Si* ε' *est un nombre* ε *quelconque,* ε'' *le nombre* ε *immédiatement supérieur et* γ *un nombre quelconque intermédiaire,*

$$\varepsilon' < \gamma < \varepsilon''.$$

$E(\gamma)$ *est égal à* ε''.

Démonstration. — De

$$\varepsilon' < \gamma < \varepsilon''$$

il résulte

$$\omega^{\varepsilon'} < \omega^{\gamma} < \omega^{\varepsilon''},$$

c'est-à-dire

$$\varepsilon' < \gamma_1 < \varepsilon''.$$

Nous en déduisons par la même procédé

$$\varepsilon' < \gamma_2 < \varepsilon'',$$

et ainsi de suite. Nous avons en général

$$\varepsilon' < \gamma_\nu < \varepsilon'',$$

d'où il résulte

$$\varepsilon' < E(\gamma) \leqq \varepsilon''.$$

Mais $E(\gamma)$ est un nombre ε (th. A) et ne peut être inférieur au nombre ε'' qui est le nombre ε venant immédiatement après ε'. Donc

$$E(\gamma) = \varepsilon''.$$

$\varepsilon' + 1$ n'est pas un nombre ε, car il résulte de l'équation de définition $\varepsilon = \omega^\varepsilon$, que tous les nombres ε sont de deuxième espèce; donc $\varepsilon' + 1$ est sûrement plus petit que ε'' et par suite :

D. *Si ε' est un nombre ε quelconque,* E $(\varepsilon' + 1)$ *est le nombre ε immédiatement supérieur.*

Après le nombre ε initial ε_0, vient le nombre ε immédiatement supérieur que nous nommerons ε_1

$$\varepsilon_1 = \mathrm{E}(\varepsilon_0 + 1);$$

puis le nombre ε immédiatement supérieur ε_1

$$\varepsilon_2 = \mathrm{E}(\varepsilon_1 + 1),$$

et ainsi de suite

En général, le $(\nu + 1)^{\text{ème}}$ nombre ε est donné par la formule de récurrence

(3) $$\varepsilon_\nu = \mathrm{E}(\varepsilon_{\nu-1} + 1).$$

Mais la série infinie

$$\varepsilon_0, \varepsilon_1, \varepsilon_2, \ldots, \varepsilon_\nu, \ldots$$

ne contient pas tous les nombres ε, comme il résulte du théorème suivant :

E. *Si $\varepsilon, \varepsilon', \varepsilon''$, ... est une série infinie de nombres ε tels que*

$$\varepsilon < \varepsilon' < \varepsilon'' \ldots \varepsilon^{(\nu)} < \varepsilon^{(\nu+1)} \ldots,$$

le nombre lim. $\varepsilon^{(\nu)}$ est un nombre ε et c'est précisément le nombre immédiatement supérieur à tous les $\varepsilon^{(\nu)}$.

Démonstration. — Elle résulte de la formule

$$\omega^{\lim_\nu . \varepsilon^{(\nu)}} = \lim . \omega^{\varepsilon^{(\nu)}} = \lim . \varepsilon^{(\nu)}$$

et de ce fait que le nombre lim. $\varepsilon^{(\nu)}$ est le nombre de la deuxième classe immédiatement supérieur à tous les $\varepsilon^{(\nu)}$.

F. *La réunion de tous les nombres ε de la deuxième classe, rangés par ordre de grandeur croissante, forme un ensemble bien ordonné, qui a le type Ω de la deuxième classe numérique, où les éléments sont rangés par ordre de grandeur croissante; cet ensemble a donc la puissance alef-un.*

Démonstration. — La réunion de tous les nombres ε de la deuxième classe, rangés par ordre de grandeur, forme un ensemble bien ordonné (th. C, § 16):

$$(4) \qquad \varepsilon_0, \varepsilon_1, \ldots, \varepsilon_\nu, \ldots, \varepsilon_\omega, \varepsilon_{\omega+1}, \ldots, \varepsilon_{\alpha'}, \ldots$$

dont la loi de formation est exprimée par les théorèmes D et E.

Si l'indice α' ne parcourait pas tous les nombres de la deuxième classe, il y aurait un nombre α qui serait le plus petit de tous les nombres qu'il n'attend pas. Mais ceci contredit le théorème D, si α est de la première espèce et le théorème E, si α est de la deuxième espèce; α' prend donc toutes les valeurs du nombre de la deuxième classe.

Si nous désignons par Ω le type de la deuxième classe, le type de (4) est

$$\omega + \Omega = \omega + \omega^2 + (\Omega - \omega^2);$$

puis comme $\omega + \omega^2 = \omega^2$

$$\omega + \Omega = \Omega.$$

L'on en déduit

$$\overline{\overline{\omega + \Omega}} = \overline{\overline{\Omega}} = \aleph_1$$

G. *Si ε est un nombre ε quelconque, et α un nombre arbitraire de la première ou de la deuxième classe, qui est plus petit que ε*

$$\alpha < \varepsilon$$

ε vérifie les trois équations

$$\alpha + \varepsilon = \varepsilon, \qquad \alpha\varepsilon = \varepsilon, \qquad \alpha^\varepsilon = \varepsilon.$$

Démonstration. — Si α_0 est le degré de α, on a $\alpha_0 \leqq \alpha < \varepsilon$. Mais le degré de $\varepsilon = \omega^\varepsilon$ est ε; le degré de α est donc plus petit que le degré de ε. Il en résulte donc, d'après le théorème D, § 19,

$$\alpha + \varepsilon = \varepsilon.$$

et par suite aussi

$$\alpha_0 + \varepsilon = \varepsilon.$$

Nous avons d'ailleurs, d'après la formule (13), § 19,

$$\alpha \varepsilon = \alpha \omega^{\varepsilon} = \omega^{\alpha_0 + \varepsilon} = \omega^{\varepsilon} = \varepsilon,$$

et par suite aussi

$$\alpha_0 \varepsilon = \varepsilon.$$

Enfin nous avons, d'après la formule (16), § 19,

$$\alpha^{\varepsilon} = \alpha^{\omega^{\varepsilon}} = \omega^{\alpha_0 \omega^{\varepsilon}} = \omega^{\alpha_0 \varepsilon} = \omega^{\varepsilon} = \varepsilon.$$

H. *Si α est un nombre quelconque de la deuxième classe, l'équation*

$$\alpha^{\xi} = \xi$$

n'a pas d'autres racines que les nombres ε plus grands que α.

Démonstration. — Soit β une racine de l'équation

$$\alpha^{\xi} = \xi,$$

on a

$$\alpha^{\beta} = \beta,$$

et il en résulte immédiatement

$$\beta > \alpha.$$

D'ailleurs β doit être de deuxième espèce, sinon

$$\alpha^{\beta} > \beta.$$

Nous avons donc, d'après le théorème F, § 19,

$$\alpha^{\beta} = \omega^{\alpha_0 \beta},$$

et par suite

$$\omega^{\alpha_0 \beta} = \beta.$$

D'après le théorème F, § 19,

$$\omega^{\alpha_0 \beta} \geqq \alpha_0 \beta;$$

donc

$$\beta \geqq \alpha_0 \beta,$$

et comme β ne peut être plus grand que $\alpha_0\,\beta$, on a

$$\beta = \alpha_0 \beta.$$

Donc

$$\omega^\beta = \beta$$

et β est un nombre ε, qui est plus grand que α.

Halle, mars 1897.

Défauts constatés sur le document original

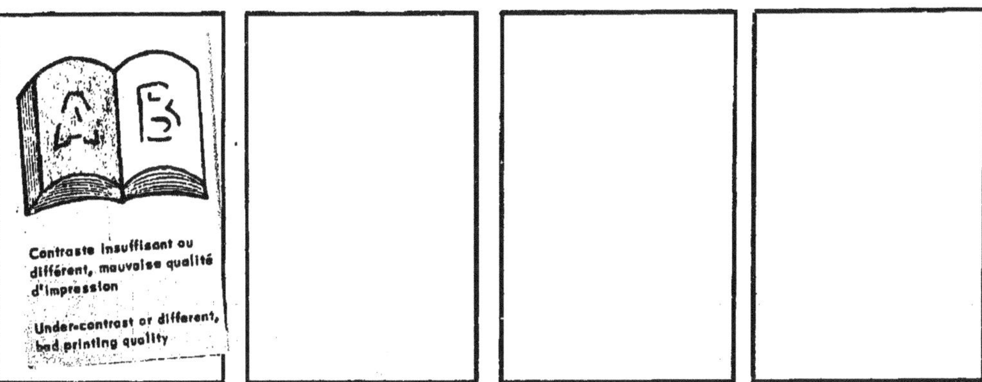

www.ingramcontent.com/pod-product-compliance
Lightning Source LLC
Chambersburg PA
CBHW070522200326
41519CB00013B/2888
9782012622401